Excel 数据分析

30 天吃透数据透视表

熊　斌◎编著

中国铁道出版社有限公司

CHINA RAILWAY PUBLISHING HOUSE CO., LTD.

内 容 简 介

　　本书主要介绍了如何使用Excel数据透视表进行数据分析的相关知识，全书共13章，可分为3个部分。第一部分为基础知识，是对Excel数据透视表的一些基本知识点进行具体讲解；第二部分为利用数据透视表进行数据分析；第三部分为综合实战应用，该部分通过具体的综合案例，让读者体验在实际工作和生活中使用数据透视表进行数据分析的高效和便捷。

　　本书图文搭配、案例丰富，能够满足不同层次读者的学习需求。尤其适用于需要快速掌握使用Excel数据透视表进行数据分析的各类初中级用户。另外，也可作为各大、中专院校及相关培训机构的教材使用。

图书在版编目（CIP）数据

Excel数据分析:30天吃透数据透视表/熊斌编著. —北京：
中国铁道出版社有限公司，2019.11
ISBN 978-7-113-26222-8

Ⅰ.①E… Ⅱ.①熊… Ⅲ.①表处理软件 Ⅳ.①TP391.13

中国版本图书馆CIP数据核字（2019）第201155号

书　　名：Excel数据分析：30天吃透数据透视表
作　　者：熊　斌

责任编辑：张亚慧　　　　　　　读者热线电话：010-63560056
责任印制：赵星辰　　　　　　　封面设计：MXK DESIGN STUDIO

出版发行：中国铁道出版社有限公司（100054，北京市西城区右安门西街8号）
印　　刷：北京柏力行彩印有限公司
版　　次：2019年11月第1版　　2019年11月第1次印刷
开　　本：700 mm×1 000 mm　1/16　印张：20.5　字数：357千
书　　号：ISBN 978-7-113-26222-8
定　　价：59.00元

PREFACE 前言

Excel作为一款强大的数据分析处理工具，是职场人士必须掌握的基本技能。尤其在信息化的今天，许多公司乃至个人都会面临大量数据的处理与分析这一亟须解决的问题。

而 Excel数据透视表作为一种交互式的报表，功能强大，不仅可以在数秒内处理好上百万行数据，而且可以从不同的角度对数据进行布局、排序和筛选等操作，挖掘不同的信息来满足用户的实际需求，最后将处理好的数据以报表或图表的形式简洁、明晰、直观地展现出来，从而帮助用户建立数据处理和分析模型，解决工作中的棘手问题。

可能许多人都对"数据透视表"这个词有所耳闻，但实际上能熟练使用数据透视表进行数据分析处理的只有极少数人，大部分的职场人士都只是停留在简单使用的水平，甚至还存在许多职场人士不会使用Excel数据透视表导致工作效率低下的情况。因此，学会使用数据透视表已经是许多人的迫切需求。为了让更多有真正需求的用户学会Excel数据透视表的相关操作和数据处理、分析技巧，我们编写了本书。

主要内容

本书总共13章，主要包括基础知识、高手进阶以及综合案例3个部分，具体内容如下表所示。

部分	包含章节	包含内容
基础知识	第1～5章	主要介绍了数据透视表的创建、整体布局、美化与编辑操作、控制数据透视表的显示顺序和内容以及对数据透视表的项目进行自由组合。通过这部分的学习，可以让读者充分了解数据透视表，学会数据透视表的基本操作。
高手进阶	第6～12章	主要介绍了数据透视表的计算字段、用函数处理报表数据、创建动态数据透视表、多区域创建报表、数据透视图、Power Pivot可视化进行数据分析和数据透视表的缓存与打印。通过这一部分的学习，用户可以得心应手地使用数据透视表，数据分析手到擒来。
综合案例	第13章	这部分综合案例主要是通过运用数据透视表对实际工作或生活中遇到的问题进行数据分析和处理。通过这一部分的学习，用户对数据透视表的使用将更上一层楼。

内容特点

内容翔实

本书在内容安排上，从读者的角度出发，以实际工作中可能遇到的各种数据为蓝本，提供全方位的数据分析方法和经验。

本书在讲解过程中大量列举了真实的问题进行辅助介绍，让读者在学会知识的同时，快速提升解决实战问题的能力。

边学边练

易学易用

将知识点和操作以大量的步骤呈现，使得全书版式轻松，利于阅读和学习。

为了拓展知识面，书中还穿插了大量的"TIPS"，及时拓展读者的操作技巧，解决读者在学习中可能遇到的各种问题。

栏目插播

图解操作

本书采用图解教学的形式，一步一图，以图析文，搭配详细的标注，让读者更直观、清晰地进行学习和掌握，提升学习效果。

读者对象

　　本书主要定位于具有一定电脑操作水平和Excel基础的用户，职场中需要进行数据分析的用户，和各年龄段需要使用Excel数据透视表进行数据分析的工作人员，同时也可以作为一些大、中专院校或电脑培训机构的参考阅读材料。

编　者

2019年8月

CONTENTS 目录

零基础学 数据透视表必知

在如今的数据化时代，数据分析已经涉及我们工作和生活的方方面面。而数据透视表是进行数据分析最常用的工具之一，因此学会使用数据透视表是一件很重要的事。

学习建议与计划

第1天

你真的了解数据透视表吗

数据透视表到底有什么用
哪些数据可以用透视表分析

数据透视表的数据源结构必须规范

化繁为简，去掉多余表头
更改字段排列顺序
......

学好数据透视表必备的知识储备

认识数据透视表的结构
数据透视表的常用术语
认识数据透视表的选项卡组

动手创建首个数据透视表

1.1 你真的了解数据透视表吗

可能很多人都听过"数据透视表""数据分析"这些词，或者可以使用数据透视表分析一些较为简单的数据。但在数据化的今天，你真的了解数据透视表吗？你知道数据透视表怎么用吗？到底该在什么时候使用？哪些数据可以使用数据透视表分析？

1.1.1 数据透视表到底有什么用

也许会有人说，利用图表、函数进行数据分析就已经足够了。但在你使用数据透视表进行数据分析后，可能就不会这样认为了，下面来具体了解一下数据透视表。

数据透视表是用来从Excel数据列表、关系数据库文件和OLAP多维数据集等数据源的特定字段中总结信息的工具，是一种交互式表格。综合了数据排序、筛选和分类汇总等数据分析方法的优点，可以快速实现对复杂数据的分析，从而创建具有实用性的业务报表。其应用十分广泛，是最常用、功能最全的数据分析工具之一。

图1-1为某公司上一年各项开支的明细统计表，现在需要根据该表分析上一年各项费用的增减情况以及各月开支总和。

	A	B	C	D	E	F	G	H	I	J	K
1	项目	1月	2月	3月	4月	5月	6月	7月	8月	9月	10月
2	服务费	¥ 1,947.00	¥ 1,642.00	¥ 1,894.00	¥ 1,364.00	¥ 1,449.00	¥ 1,677.00	¥1,947.00	¥ 1,642.00	¥1,894.00	¥1,364.00
3	旅游费	¥ 1,768.00	¥ 1,715.00	¥ 1,359.00	¥ 1,216.00	¥ 1,692.00	¥ 1,471.00	¥1,768.00	¥ 1,715.00	¥1,359.00	¥1,216.00
4	交通费	¥ 1,302.00	¥ 1,179.00	¥ 1,533.00	¥ 1,176.00	¥ 1,872.00	¥ 1,073.00	¥1,302.00	¥ 1,179.00	¥1,533.00	¥1,176.00
5	生活费	¥ 1,182.00	¥ 1,799.00	¥ 1,844.00	¥ 1,409.00	¥ 1,572.00	¥ 1,251.00	¥1,182.00	¥ 1,799.00	¥1,844.00	¥1,409.00
6	学习费	¥ 1,025.00	¥ 1,269.00	¥ 1,926.00	¥ 1,914.00	¥ 1,275.00	¥ 1,632.00	¥1,025.00	¥ 1,269.00	¥1,926.00	¥1,914.00
7	购物	¥ 1,758.00	¥ 1,729.00	¥ 1,517.00	¥ 1,090.00	¥ 1,002.00	¥ 1,134.00	¥1,758.00	¥ 1,729.00	¥1,517.00	¥1,090.00
8	油费	¥ 971.00	¥ 684.00	¥ 852.00	¥ 738.00	¥ 717.00	¥ 728.00	¥ 971.00	¥ 684.00	¥ 852.00	¥ 738.00
9	健身费	¥ 997.00	¥ 787.00	¥ 830.00	¥ 452.00	¥ 508.00	¥ 623.00	¥ 997.00	¥ 787.00	¥ 830.00	¥ 452.00
10	其他	¥ 524.00	¥ 307.00	¥ 451.00	¥ 900.00	¥ 883.00	¥ 630.00	¥ 524.00	¥ 307.00	¥ 451.00	¥ 900.00
11											

Sheet1　上半年各项开支情况　＋

图1-1

为了解决上述问题，如果不使用数据透视表，则需要使用公式和函数进行计算，对于那些对公式和函数不太熟悉的用户来讲是非常麻烦的。但是，如果使用数据透视表进行数据分析则可以轻松解决这些麻烦，如图1-2所示。

月份	列标签 服务费	购物	健身费	交通费	旅游费	其他	生活费	学习费	油费	总计
1月	¥1,947.00	¥1,758.00	¥997.00	¥1,302.00	¥1,768.00	¥524.00	¥1,182.00	¥1,025.00	¥971.00	¥11,474.00
2月	¥1,642.00	¥1,729.00	¥787.00	¥1,179.00	¥1,715.00	¥307.00	¥1,799.00	¥1,269.00	¥684.00	¥11,111.00
3月	¥1,894.00	¥1,517.00	¥830.00	¥1,533.00	¥1,359.00	¥451.00	¥1,844.00	¥1,926.00	¥852.00	¥12,206.00
4月	¥1,364.00	¥1,090.00	¥452.00	¥1,176.00	¥1,216.00	¥900.00	¥1,409.00	¥1,914.00	¥738.00	¥10,259.00
5月	¥1,449.00	¥1,002.00	¥508.00	¥1,872.00	¥1,692.00	¥883.00	¥1,572.00	¥1,275.00	¥717.00	¥10,970.00
6月	¥1,677.00	¥1,134.00	¥623.00	¥1,073.00	¥1,471.00	¥630.00	¥1,251.00	¥1,632.00	¥728.00	¥10,219.00
7月	¥1,947.00	¥1,758.00	¥997.00	¥1,302.00	¥1,768.00	¥524.00	¥1,182.00	¥1,025.00	¥971.00	¥11,474.00
8月	¥1,642.00	¥1,729.00	¥787.00	¥1,179.00	¥1,715.00	¥307.00	¥1,799.00	¥1,269.00	¥684.00	¥11,111.00
9月	¥1,894.00	¥1,517.00	¥830.00	¥1,533.00	¥1,359.00	¥451.00	¥1,844.00	¥1,926.00	¥852.00	¥12,206.00
10月	¥1,364.00	¥1,090.00	¥452.00	¥1,176.00	¥1,216.00	¥900.00	¥1,409.00	¥1,914.00	¥738.00	¥10,259.00
11月	¥1,449.00	¥1,002.00	¥508.00	¥1,872.00	¥1,692.00	¥883.00	¥1,572.00	¥1,275.00	¥717.00	¥10,970.00
12月	¥1,677.00	¥1,134.00	¥623.00	¥1,073.00	¥1,471.00	¥630.00	¥1,251.00	¥1,632.00	¥728.00	¥10,219.00

图1-2

1.1.2
哪些数据可以用透视表分析

当然也不是所有的数据都适合使用透视表分析，用户需要根据实际情况来使用。那么究竟哪些数据可以使用透视表分析呢？下面列举了一些非常适合使用透视表分析数据的情况。

◆ 数据量较大且错综复杂，而又急需整理出一份具有实际意义的报表。

◆ 根据数据表希望找出同类数据在不同时期的某种特定关系。

◆ 需要对数据进行分组处理。

◆ 需要经常查询和分析数据的变化趋势。

◆ 需要将得到的数据与原始数据保持实时更新。

◆ 需要将得到的数据用图形的方式展示出来，并且可以筛选控制哪些值可以用图表来表示。

1.2　数据透视表的数据源结构必须规范

如果直接使用Excel中的数据表作为数据源，那么在使用前需判断该数据表格是否符合数据透视表对数据源的要求。对那些源数据表中不符合的内容，需要进行规范后才能使用。

1.2.1
化繁为简，去掉多余表头

在一些数据表格中为了实际的需要，有时可能会在首行添加标题，如图1-3所示。

	A	B	C	D	E	F	G	H
1			公司各类电子产品销售情况					
2	季度	电脑	iPod	手机	相机	游戏机	电视	总计
3	第一季度	¥1,435,000.00	¥5,789,000.00	¥3,526,500.00	¥992,000.00	¥1,003,200.00	¥880,000.00	¥13,625,700.00
4	第二季度	¥1,553,000.00	¥4,684,200.00	¥3,542,300.00	¥1,032,000.00	¥946,800.00	¥850,000.00	¥12,608,300.00
5	第三季度	¥2,000,000.00	¥6,342,100.00	¥4,032,400.00	¥950,000.00	¥999,900.00	¥994,600.00	¥15,319,000.00
6	第四季度	¥1,535,000.00	¥4,956,000.00	¥2,725,400.00	¥870,000.00	¥900,300.00	¥900,000.00	¥11,886,700.00

图1-3

这种有标题的数据源往往不适合进行分析，用户需要将标题行删除后才能将该数据表作为数据源，如图1-4所示。

	A	B	C	D	E	F	G	H
1	季度	电脑	iPod	手机	相机	游戏机	电视	总计
2	第一季度	¥1,435,000.00	¥5,789,000.00	¥3,526,500.00	¥992,000.00	¥1,003,200.00	¥880,000.00	¥13,625,700.00
3	第二季度	¥1,553,000.00	¥4,684,200.00	¥3,542,300.00	¥1,032,000.00	¥946,800.00	¥850,000.00	¥12,608,300.00
4	第三季度	¥2,000,000.00	¥6,342,100.00	¥4,032,400.00	¥950,000.00	¥999,900.00	¥994,600.00	¥15,319,000.00
5	第四季度	¥1,535,000.00	¥4,956,000.00	¥2,725,400.00	¥870,000.00	¥900,300.00	¥900,000.00	¥11,886,700.00

图1-4

这是因为在Excel默认的规则里，连续数据区域的首行为标题行，空白工作表首行也被默认为标题行。但标题行与标题不同，前者代表每列数据的属性，是筛选和排序的字段依据；而后者只是为了更明确源数据表格的作用。所以，不要用标题占用工作表首行。

1.2.2 更改字段排列顺序

在数据表格制作过程中，为了记录的方便，有时也存在数据顺序混乱的情况。对于这一类数据表格，一般需要先将表格内容按照正确的顺序排序，然后才能将其作为数据源表格。在数据区域中进行行列移动时，如果方法不正确，则会增大工作量，而且很容易出错。

下面以在"年假统计"工作簿中将"姓名"列移到第一列为例来讲解相关操作，其具体操作如下。

分析实例 将数据表格中的列移动到相应的位置

素材文件	◎素材\Chapter 1\年假统计.xlsx
效果文件	◎效果\Chapter 1\年假统计.xlsx

Step 01 打开"年假统计"素材文件，❶选中E列单元格，❷将鼠标光标移动到该列左右任意一侧边缘，使鼠标光标呈四向箭头形状，如图1-5所示。

Step 02 ❶按住【Shift】键和鼠标左键不放，拖动鼠标至第一列（A列），释放鼠标左键即可，❷使用同样的方法将H列移至C列，如图1-6所示。

C	D	E	F	G	H
年天数	累计休假	姓名	应扣天数	应扣工资	类别
8	6	王旺	0	0	年假
10	11	张易	1	−100	事假
10	8	刘纵	0	0	事假
8	9	陈生	1	−100	病假
8	6	阳天	0	0	事假
8	7	赵彬	0	0	事假
8	5	孙二	0	0	事假
10	15	李力	5	−500	事假

图1-5

	A	B	C	D	E
1	姓名	日期	类别	天数	年天数	累计
2	王旺	2019/4/20	年假	4	8
3	张易	2019/4/21	事假	8	10
4	刘纵	2019/4/22	事假	3	10
5	陈生	2019/4/23	病假	5	8
6	阳天	2019/4/24	事假	4	8
7	赵彬	2019/4/25	事假	1	8
8	孙二	2019/4/26	事假	1	8
9	李力	2019/4/27	事假	2	10

图1-6

1.2.3
删除数据区域中的空行或空列

有时在数据统计中，为了区分数据之间的关系，会使用空行或者空列将其隔开。如果在数据源中存在空行或者空列，那么在创建数据透视表时应注意，因为默认情况下无法使用不完整的数据区域来创建数据透视表。因此在创建数据透视表前需先将数据表格中的空行或空列删除，下面以将"发货记录"工作簿中的空白行删除为例来讲解其具体操作。

分析实例 删除发货记录表中的空白行

素材文件	◎素材\Chapter 1\发货记录.xlsx
效果文件	◎效果\Chapter 1\发货记录.xlsx

Step 01 打开"发货记录"素材，❶单击"开始"选项卡"编辑"组的"查找和选择"下拉按钮，❷选择"查找"命令，或直接按【Ctrl+F】组合键，如图1-7所示。

Step 02 ❶在打开的"查找和替换"对话框中单击"查找全部"按钮，保持"查找和替换"对话框处于激活状态，❷按【Ctrl+A】组合键选择表格所有空行，如图1-8所示。

图1-7

图1-8

Step 03 关闭对话框，❶在选中的任意一个单元格上单击鼠标右键，❷在弹出的快捷菜单中选择"删除"命令，如图1-9所示。

Step 04 ❶在"删除"对话框中选中"整行"单选按钮，❷单击"确定"按钮即可完成删除，如图1-10所示。

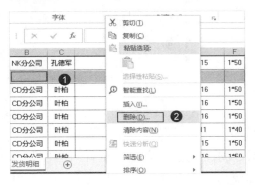

图1-9

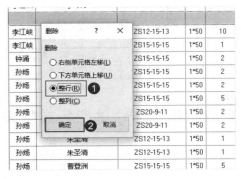

图1-10

1.2.4
拒绝多余的合计行

在许多的数据表格中一般都会有合计行，但在使用数据透视表时都会在一定程度上影响数据统计汇总结果。而在数据透视表中会自动加上各项目类别的合计，所以在使用创建数据透视表前一般都需要将其删除。

下面以将"北京市人口普查"工作簿中的合计行删除为例来讲解其具体操作。

分析实例 删除北京市人口普查表中的合计行

素材文件	◎素材\Chapter 1\北京市人口普查.xlsx
效果文件	◎效果\Chapter 1\北京市人口普查.xlsx

Step 01 打开"北京市人口普查"素材，选择M列，❶在"开始"选项卡"编辑"组中单击"查找和选择"下拉按钮，❷在弹出的下拉菜单中选择"查找"命令，如图1-11所示。

Step 02 ❶在打开的"查找和替换"对话框中单击"选项"按钮，❷单击"格式"按钮右侧的下拉按钮，在弹出的下拉菜单中选择"格式"命令，如图1-12所示。

图1-11   图1-12

Step 03 ❶在打开的"查找格式"对话框中单击"字体"选项卡，❷在"字形"列表框中选择"加粗"选项，单击"确定"按钮，关闭对话框，如图1-13所示。

Step 04 返回到"查找和替换"对话框中，单击"查找全部"按钮，查找具有加粗格式的单元格，如图1-14所示。

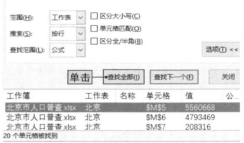

图1-13   图1-14

Step 05 保持"查找和替换"对话框处于激活状态，按【Ctrl+A】组合键选择表格该列所有文本加粗的单元格，然后关闭对话框，如图1-15所示。

Step 06 ❶在任意已选中的加粗单元格上单击鼠标右键，在弹出的快捷菜单中选择"删除"命令，❷然后在打开的对话框中选中"整行"单选按钮，❸单击"确定"按钮即可将表格中的所有合计行删除，如图1-16所示。

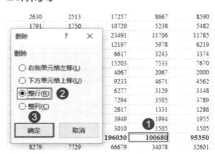

图1-15   图1-16

TIPS 查找选择所有合计行 🔍

在查找所有合计行时，如果在整个表格区域进行查找，当数据量过大时，可能会导致查找时间过长，甚至导致Excel无响应。对于这种情况，用户可以只选择某一列或某一行进行查找即可。例如在本例中，数据量比较大，因此选择M列来进行查找，从而删除所有合计行。

1.2.5
拒绝合并单元格

在数据源表格中合并单元格，是最常见的操作。因为许多时候为了统计查看的方便，会将某些部分进行合并，如图1-17所示。如果使用该数据作为数据透视表的数据源，则应该先将合并单元格进行拆分，如图1-18所示，否则会严重破坏数据结构。

	A	B	C	D	E
1	姓名	日期	类别	天数	年天数
2	王旺	2019/4/20	年假	4	8
3	张易	2019/4/21		8	10
4	刘纵	2019/4/22		3	10
5	陈生	2019/4/23		5	8
6	阳天	2019/4/24	事假	4	8
7	赵彬	2019/4/25		1	8
8	孙二	2019/4/26		1	8
9	李力	2019/4/27		2	10
10	章彰	2019/4/28		6	8
11	刘云	2019/4/29		4	8
12	谢天	2019/4/30		2	8

图1-17

	A	B	C	D	E
1	姓名	日期	类别	天数	年天数
2	王旺	2019/4/20	年假	4	8
3	张易	2019/4/21	年假	8	10
4	刘纵	2019/4/22	年假	3	10
5	陈生	2019/4/23	年假	5	8
6	阳天	2019/4/24	事假	4	8
7	赵彬	2019/4/25	事假	1	8
8	孙二	2019/4/26	事假	1	8
9	李力	2019/4/27	事假	2	10
10	章彰	2019/4/28	事假	6	8
11	刘云	2019/4/29	事假	4	8
12	谢天	2019/4/30	事假	2	8

图1-18

1.3 学好数据透视表必备的知识储备

想要学好数据透视表，需要一步一步打下坚实的基础，最后才能够融会贯通。首先应该认识数据透视表的必备知识，主要有数据透视表结构、常用术语以及选项卡组3个方面。

1.3.1
认识数据透视表的结构

数据透视表主要包括4大区域，分别为行区域、列区域、筛选区域和值区域，如图1-19所示。

图1-19

每个区域都有自己的功能和用法，具体如下。

◆ **行区域**：位于数据透视表的左侧，该区域中的字段将作为数据透视表的行标签。每个字段中的每一项显示在区域的每一行中，通常用于放置一些可用于进行分组或分类的内容。

◆ **列区域**：位于数据透视表的顶部，由数据透视表各列顶端的标题组成。每个字段中的每一项显示在列区域中的每一列中，通常用于放置一些可以随时间变化的内容。

◆ **筛选区域**：位于数据透视表的最上方，由一个或多个下拉列表组成，通过选择下拉列表中的选项，可以一次性对整个数据透视表中的数据进行筛选，通常用于放置一些重点分析的内容。

◆ **值区域**：该区域中的数据是对数据透视表中行字段和列字段数据的计算和汇总，一般值区域的数据都是可以运算的。

1.3.2
数据透视表的常用术语

数据透视表结构比较复杂，功能比较多样，因此对数据透视表中的各个元素有统一性的描述，即数据透视表常用术语。尤其对于初学者来讲，了解常用术语是非常有必要的，它可以帮助初学者提高学习效率，快速读懂数据透视表，常用的术语及说明如下所示。

◆ **数据源**：用于创建数据透视表的数据来源，可以是单元格区域、另一个数据透视表数据；还可以是其他外部数据来源，如文本文件、Access数据库等。

◆ **字段**：数据源中各列顶部的标题，每一个字段代表了一类数据。根据字段所处的区域不同，可以将字段分为报表筛选字段、行字段、列字段以及值字段。

◆ **项**：项是每个字段包含的数据，表示数据源中字段的唯一条目。

◆ **轴**：数据透视表中一维，如行、列、页等。

◆ **总计**：在数据透视表中为一行或一列的所有单元格显示总和的行或列。可以为指定行或列求和。

◆ **组**：一组项目的集合。可以手动或自动地为项目组合。

◆ **分类总汇**：在数据透视表中对一行或一列单元格进行分类汇总。

◆ **刷新**：在对数据透视表的数据源进行修改后，重新计算数据透视表。

◆ **汇总函数**：计算表格中数值的函数，如求和、平均值等。

1.3.3 认识数据透视表的选项卡组

在数据透视表创建完成后，单击数据透视表中任意单元格就可以显示"数据透视表工具"选项卡组，该卡组主要包括"数据透视表工具 分析"选项卡和"数据透视表工具 设计"选项卡。

1."数据透视表工具 分析"选项卡

"数据透视表工具 分析"选项卡主要包含数据透视表、活动字段、分组、筛选、数据、操作、计算、工具以及显示9个功能组，如图1-20所示。

图1-20

各个功能组有不同的作用，具体介绍如表1-1所示。

表1-1

组	按钮名称	按钮功能
数据透视表	选项	打开"数据透视表选项"对话框
	显示报表筛选页	创建一系列链接在一起的报表，每张报表中显示筛选页字段中的一项
	生成GetPivotData	调用据透视表函数GetPivotData，从数据透视表中获取数据
活动字段	展开字段	展开活动字段的所有项
	折叠字段	折叠活动字段的所有项

续上表

组	按钮名称	按钮功能
活动字段	字段设置	打开"值字段设置"对话框
	向上钻取	显示此项目的上一级
	向下钻取	显示此项目的子项
分组	组选择	对数据透视表进行手动分组
	取消组合	取消数据透视表组合项
	组字段	对日期或数字字段进行自动组合
筛选	插入切片器	使用切片器直观地筛选数据
	插入日程表	使用日程表控件以交互式筛选数据
数据	刷新	重新计算数据透视表
	更改数据源	更改数据透视表的原始数据区域及外部数据的连接属性
操作	清除	删除数据透视表字段及设置好的报表筛选
	选择	选择数据透视表中的数据
	移动数据透视表	更改数据透视表在工作簿的位置
计算	字段、项目和集	创建和修改字段和计算项
	OLAP工具	使基于OLAP多维数据集创建的数据透视表的管理工具
工具	数据透视图	创建数据透视图
	推荐的数据透视表	可获取系统认为最合适的一组自定义数据透视表
显示	字段列表	显示或隐藏"数据透视表字段"窗格
	+/-按钮	展开或折叠数据透视表的项目
	字段标题	显示或隐藏数据透视表行、列的字段标题

2. "数据透视表工具 设计"选项卡

"数据透视表工具 设计"选项卡主要包含3个功能组，分别为布局、数据透视表样式选项和数据透视表样式，如图1-21所示。

图1-21

其中"布局"组主要用于调整报表布局、分类汇总方式以及报表显示形式等，"数据透视表样式选项"和"数据透视表样式"组主要用来设计报表的样式，具体功能如表1-2所示。

表1-2

组	按钮名称	按钮功能
布局	分类汇总	移动分类汇总的位置以及关闭分类汇总
	总计	开启或关闭行或列的总计
	报表布局	设置数据透视表的显示方式，主要有压缩、大纲或表格3种形式
	空行	在每个分组项之间插入一个空行以突出分组
数据透视表样式选项	行标题	将数据透视表行字段标题显示为特殊样式
	列标题	将数据透视表列字段标题显示为特殊样式
	镶边行	对数据透视表中的奇、偶行应用不同颜色相间的样式
	镶边列	对数据透视表中的奇、偶列应用不同颜色相间的样式
数据透视表样式	浅色	提供28种浅色数据透视表样式和1种无色样式
	中等深浅	提供28种中等深浅数据透视表样式
	深色	提供28种深色数据透视表样式
	新建数据透视表样式	用户可以自定义数据透视表样式
	清除	清除已应用的数据透视表样式

1.4　动手创建首个数据透视表

前面的3节已经介绍了数据透视表的用途、基本的数据透视表知识以及数据透视表的选项卡组，接下来将动手创建第一个数据透视表，感受数据透视表的魅力。

下面以将"电子产品销售"工作簿的产品销售数据作为数据源建立数据透视表为例，讲解其相关操作。

分析实例 根据电子产品销售表创建数据透视表

素材文件	◎素材\Chapter 1\电子产品销售.xlsx
效果文件	◎效果\Chapter 1\电子产品销售.xlsx

Step 01 打开"电子产品销售"素材，❶选择数据区域任意单元格，❷单击"插入"选项卡"表格"组的"数据透视表"按钮，如图1-22所示。

Step 02 ❶在打开的"创建数据透视表"对话框中，选中"新工作表"单选按钮，❷单击"确定"按钮，如图1-23所示。

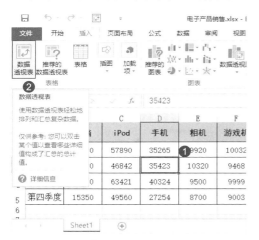

图1-22

图1-23

Step 03 ❶切换到新建的"Sheet2"工作表，❷在右侧的"数据透视表字段"窗格中，选中需要添加的字段对应的复选框，如图1-24所示。

图1-24

Step 04 添加完成后，即可在该工作表查看创建的数据透视表，如图1-25所示。

行标签 ▼	求和项:电脑	求和项:iPod	求和项:手机	求和项:相机	求和项:游戏机	求和项:电视
第二季度	15530	46842	35423	10320	9468	8500
第三季度	20000	63421	40324	9500	9999	9946
第四季度	15350	49560	27254	8700	9003	9000
第一季度	14350	57890	35265	9920	10032	8800
总计	65230	217713	138266	38440	38502	36246

图1-25

TIPS 数据透视表的数据源

一般情况下，创建数据透视表所使用的数据通常储存于Excel工作表中，但有些还可以使用外部数据创建数据透视表，如Access、SQL Servery等专门的数据库。在"数据"选项卡"获取外部数据"组即可看到导入Excel中的所有外部数据类型，单击"自其他来源"下拉按钮，即可查看更多，如图1-26所示。

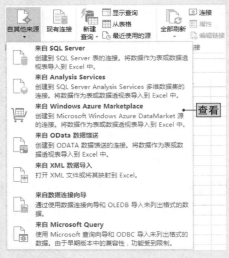

图1-26

轻松改变数据透视表的整体布局

在完成数据透视表的创建后，有时需要对其布局进行修改，以使其符合操作者的操作习惯。数据透视表的强大功能源于用户可以对字段进行随意拖动、摆放，从而在极短时间内就可以为数据透视表改头换面，生成具有不同价值的报表。

学习建议与计划

第2天

数据透视表页面区域的使用

改变数据透视表的整体布局
显示报表筛选字段的多个数据项
水平/垂直并排显示筛选字段
让报表中的字段更简洁
复制和移动数据透视表

第3天

数据透视表的布局设置

更改报表布局的显示形式
更改分类汇总的显示方式
……

获取数据透视表的数据源

显示数据透视表数据源的所有信息
显示统计结果的明细数据

2.1 数据透视表页面区域的使用

当字段显示在列区域或行区域上时，滚动数据透视表就可以看到字段中的所有项。然而，当字段位于页面区域中时，则一次只能显示一项，可以在该字段的下拉列表框中依次进行选择。

2.1.1 改变数据透视表的整体布局

对于已经创建的数据透视表，用户只需在"数据透视表字段"窗格中拖动字段按钮就可以重新布局数据透视表，从而满足用户新的需求。

在"数据透视表字段"窗格可以进行数据透视表的布局，轻松为数据透视表添加、删除和移动字段，设置字段格式、计算方法等，甚至不需要使用"数据透视表工具"选项卡组和数据透视表本身便能够对数据透视表中的数据进行筛选和排序。

"数据透视表字段"窗格不仅可以轻松布局数据透视表，而且可以反映出数据透视表的结构，图2-1为"数据透视表字段"窗格默认布局。

图2-1

下面以通过更改销售分析表布局分析各客户对各个商品总的购买量为例，讲解改变数据透视表的整体布局的相关操作。

分析实例 客户对各商品总购买量分析

素材文件	◎素材\Chapter 2\销售记录单.xlsx
效果文件	◎效果\Chapter 2\销售记录单.xlsx

Step 01 打开"销售记录单"素材，❶单击数据透视表区域内任意单元格，❷打开"数据透视表字段"窗格，如图2-2所示。

Step 02 在"数据透视表字段"窗格的"选择要添加到报表的字段"栏中，取消选中"月"字段复选框，如图2-3所示。

图2-2　　　　　　　　　　　　　　　　图2-3

Step 03 取消选中该复选框后，即可在数据透视表中查看各客户对各个商品的总购买量，如图2-4所示。

	A	B	C	D	E	F
3	求和项:订单金额	列标签 ▾				
4	行标签 ▾	客户A	客户B	客户C	客户D	总计
5	FH01931	3800000	2200000	500000		6500000
6	FH01932	3400000	3400000	1900000	900000	9600000
7	FH01933	1300000	700000			2000000
8	FH01934		500000	700000		1200000
9	FH01946	2700000	600000			3300000
10	FH01947	1700000	1100000			2800000
11	FH01948		200000		300000	500000
12	FH01949	400000	200000	1600000		2200000
13	FH01950	2200000	2800000		400000	5400000
14	FH01951		300000		700000	1000000
15	FH01952		700000		700000	1400000
16	FH01953	500000				500000
17	FH01954	200000				200000
18	总计	16200000	12700000	4700000	3000000	36600000

销售分析　销售记录清单　⊕

图2-4

　　如果在创建数据透视表后没有显示"数据透视表字段"窗格或者不小心将窗格关闭了。❶用户只需在数据透视表任意单元格上单击鼠标右键，❷在弹出的快捷菜单中选择"显示字段列表"命令，即可打开"数据透视表字段"窗格，如图2-5所示。

　　或者还可以❶单击数据透视表任意单元格，❷在"数据透视表工具分析"选项卡的"显示"组中单击"字段列表"按钮打开窗格，如图2-6所示。

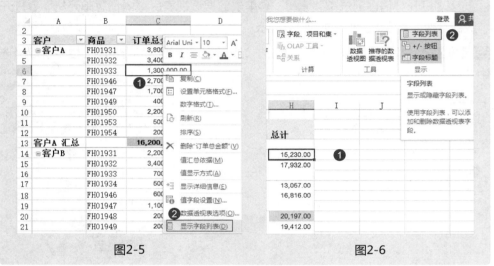

图2-5　　　　　　　　　　　　　　　　　　图2-6

2.1.2
显示报表筛选字段的多个数据项

　　在使用数据透视表进行数据分析时，如果数据量较大，用户可以通过报表进行筛选字段，快速获取所需的数据。但在默认情况下，报表筛选字段的面板中是没有选中"选择多项"复选框的，只有当用户选中了该复选框后，才能够选择多项。

　　下面以将销售分析表中显示北京和贵阳各销售人员销售额合计为例，讲解其相关操作。

分析实例 显示北京和贵阳销售额合计

素材文件	◎素材\Chapter 2\电器销售统计.xlsx
效果文件	◎效果\Chapter 2\电器销售统计.xlsx

`Step 01` 打开"电器销售统计"素材，在"数据透视表字段"窗格中将"城市"字段拖动到报表筛选区域，如图2-7所示。

Step 02 ❶单击B1单元格的下拉按钮，❷在弹出的筛选器中选中"选择多项"复选框，如图2-8所示。

图2-7　　　　　　　　　　　　　　　　　　　图2-8

Step 03 ❶取消选中"全部"复选框，❷选中"北京"和"贵阳"复选框，❸单击"确定"按钮，如图2-9所示。

Step 04 完成后在数据透视表即可显示各销售人员在北京和贵阳的销售额合计，如图2-10所示。

图2-9

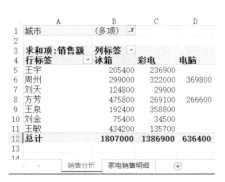

图2-10

2.1.3
水平/垂直并排显示筛选字段

使用数据透视表有时会需要设置多个筛选字段，系统默认将这些字段垂直并排显示。但若字段较多，则会出现占用多行的情况，在阅读时极为不便。为了解决这一问题，用户可以改变多个字段的排列方式。

下面以将"家电销售"工作簿的家电销售分析表筛选字段改为水平并排显示为例，讲解其相关操作。

水平并排显示报表中的筛选字段

素材文件	◎素材\Chapter 2\家电销售.xlsx
效果文件	◎效果\Chapter 2\家电销售.xlsx

Step 01 打开"家电销售"素材，❶选择数据透视表区域内任意单元格并单击鼠标右键，❷在弹出的快捷菜单中选择"数据透视表选项"命令，如图2-11所示。

Step 02 ❶打开"数据透视表选项"对话框，选择"布局和格式"选项卡，❷在"布局"栏的"在报表筛选区域显示字段"下拉列表框中选择"水平并排"选项，❸在"每列报表筛选字段数"数值框中输入"2"，如图2-12所示。

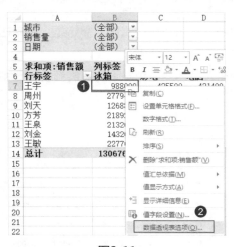

图2-11

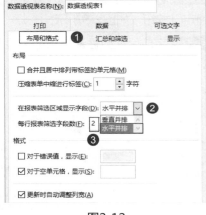

图2-12

Step 03 单击"确定"按钮后，即可完成将报表中的筛选字段按水平并排显示，且每行显示两个，如图2-13所示。

	A	B	C	D	E	F	G
1							
2	城市	(全部) ▼		销售量	(全部) ▼		
3	日期	(全部) ▼					
4							
5	求和项:销售额	列标签 ▼					
6	行标签 ▼	冰箱	彩电	电脑	空调	相机	总计
7	王宇	988000	425500	421400	1590400	177120	3602420
8	周州	2779400	2444900	2451000	3760400	2014740	13450440
9	刘天	1268800	609500	731000	1024800	225090	3859190
10	方芳	2189200	1683600	1926400	2564800	1202940	9566940
11	王泉	2132000	2185000	473000	1836800	800730	7427530
12	刘金	1432600	871700	662200	1996400	560880	5523780
13	王敏	2277600	2518500	1522200	2189600	1870830	10378730
14	总计	13067600	10738700	8187200	14963200	6852330	53809030

图2-13

2.1.4
让报表中的字段更简洁

　　虽然数据透视表的筛选字段区域可以容纳多个页面数据，但使用数据透视表筛选出各个筛选结果通常只能显示一个，除了当前正在筛选的选项以外，其他项都会被隐藏，是不可见的。如果用户需要查看每一个筛选结果，可以单独将每一个筛选项的筛选结果保存在一个列表中。

　　下面以将"各城市销售额"工作簿的销售分析表销售额统计按城市分布在不同的工作表中为例，讲解其相关操作。

分析实例 **将销售人员在各个城市的销售情况分布在不同的工作表中**

素材文件	◎素材\Chapter 2\各城市销售额.xlsx
效果文件	◎效果\Chapter 2\各城市销售额.xlsx

Step 01 打开素材文件，❶选择数据透视表区域任意单元格，❷单击"数据透视表工具 分析"选项卡"数据透视表"组的"选项"下拉按钮，❸选择"显示报表筛选页"命令，如图2-14所示。

Step 02 ❶在打开的"显示报表筛选页"对话框中选择要显示报表筛选页的字段，❷单击"确定"按钮即可完成，如图2-15所示。

图2-14

图2-15

2.1.5
复制和移动数据透视表

　　在创建数据透视表后，用户如果需要对同一数据源再创建另外一个相同的数据透视表用于特定的数据分析，只需要复制原有的数据透视表即可。同时，用户还可以将已创建好的数据透视表在同一工作簿的不同工作表中任意移动，以满足不同数据分析的需要。

1.复制数据透视表

想要复制数据透视表，需要先选择整个数据透视表，选择整个数据透视表主要有以下3种方法。

◆ 将鼠标光标移动到数据透视表最外层行字段上方单元格左侧，当鼠标光标变为向右箭头时单击，即可选中整个数据透视表，如图2-16所示。

◆ 将鼠标光标移动到数据透视表最外层行字段单元格的上方，当鼠标光标变为向下箭头时单击即可选中整个数据透视表，如图2-17所示。

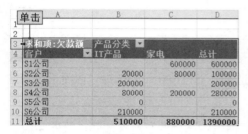

图2-16 图2-17

◆ ❶选择数据透视表区域内任意单元格，❷单击"数据透视表工具 分析"选项卡"操作"组的"选择"下拉按钮，❸在弹出的下拉列表中选择"整个数据透视表"选项，即可选择整个数据透视表，如图2-18所示。

图2-18

选择整个数据透视表后，直接按【Ctrl+C】组合键，单击要放置数据透视表的左上角单元格，再按【Ctrl+V】组合键即可复制数据透视表。

除此之外，还可以在选择整个数据透视表后，单击鼠标右键，在弹出的的快捷菜单中选择"复制"命令，然后单击要放置数据透视表的左上角单元格，单击鼠标右键，在弹出的快捷菜单中选择"粘贴"命令也可复制数据透视表。

2.移动数据透视表

移动数据透视表，可以将数据透视表从工作表的一个位置移到另一个位置，还可以从一个工作表移动到另一个工作表。❶只需选择要移动的数据透视表中的任意单元格，❷单击"数据透视表工具 分析"选项卡"操作"组的"移动数据透视表"按钮，❸在打开的"移动数据透视表"对话框中选择移动的目标位置，❹然后单击"确定"按钮即可完成，如图2-19所示。

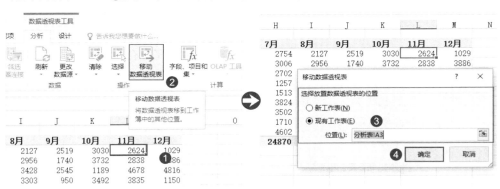

图2-19

2.2 数据透视表的布局设置

数据透视表创建后，用户还可以通过设置数据透视表的布局来满足数据分析的实际需求，主要通过"数据透视表工具 设计"选项卡来完成。

2.2.1
更改报表布局的显示形式

数据透视表为用户提供了3种报表布局显示形式，分别为"以压缩形式显示""以大纲形式显示"和"以表格形式显示"。

新建数据透视表显示形式都是系统默认的"以压缩形式显示"，一般情况下，用户可以根据实际情况来设置显示方式。只需在数据透视表中选择任意单元格，❶单击"数据透视表 设计"选项卡"布局"组的"报表布局"下拉按钮，❷在弹出的下拉列表中选择合适的布局方式，如图2-20所示。

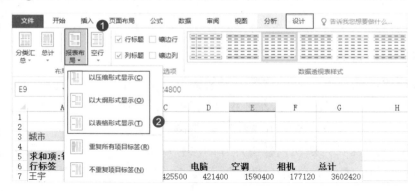

图2-20

这3种报表布局显示形式各有各的用法，下面分别进行介绍。

◆ "以压缩形式显示"报表：该布局形式的数据透视表所有的字段都堆积在一列中，适用于字段较多，需要进行展开、折叠活动字段的数据透视表，不会显示列字段和行字段的标题，如图2-21所示。

	A	B	C	D	E	F	G	H
2								
3	求和项:销售额	列标签						
4	行标签	冰箱	彩电	电脑	空调	相机	总计	
5	⊟王天		29900		47600		77500	
6	⊞7月		29900		47600		77500	
7	⊟刘天琦	161200	161000	266600	254800	114390	957990	
8	⊞5月			266600		114390	380990	
9	⊞6月		57500		254800		312300	
10	⊞7月	161200	103500				264700	
11	⊟张泉	161200	257600		117600		536400	
12	⊞5月	39000	103500				142500	
13	⊞6月		154100		117600		271700	

图2-21

◆ "以大纲形式显示"报表：该布局方式根据数据透视表中放置的行字段数量和位置，将行字段由左到右依次展开排列，如图2-22所示。

	A	B	C	D	E	F	G	H	I
2									
3	求和项:销售额			商品					
4	销售人员	月	日期	冰箱	彩电	电脑	空调	相机	总计
5	⊟王天				29900		47600		77500
6		⊞7月			29900		47600		77500
7	⊟刘天琦			161200	161000	266600	254800	114390	957990
8		⊞5月				266600		114390	380990
9		⊞6月			57500		254800		312300
10		⊞7月		161200	103500				264700
11	⊟张泉			161200	257600		117600		536400
12		⊞5月		39000	103500				142500

图2-22

◆ **"以表格形式显示"报表**：该布局形式的数据透视表显示直观、便于阅读，是使用率较高的一种布局方式，一般作为用户的首选，如图2-23所示。

销售人员	月	日期	冰箱	彩电	电脑	空调	相机	总计
求和项:销售额			商品					
⊟王天	⊞7月			29900		47600		77500
王天 汇总				29900		47600		77500
⊟刘天琦	⊞5月				266600		114390	380990
	⊞6月			57500		254800		312300
	⊞7月		161200	103500				264700
刘天琦 汇总			161200	161000	266600	254800	114390	957990
⊟张泉	⊞5月		39000	103500				142500
	⊞6月			154100		117600		271700
	⊞7月		122200					122200
张泉 汇总			161200	257600		117600		536400
⊟杨堃	⊞5月					204400		204400
	⊞6月			34500		134400		168900
杨堃 汇总				34500		338800		373300
⊟王腾宇	⊞6月		122200	163300				285500
	⊞7月		83200	73600		100800	177120	434720
王腾宇 汇总			205400	236900		100800	177120	720220

图2-23

除了上面介绍的3种布局方式，在Excel 2010后的版本的数据透视表还增加了"重复所有项目标签"功能。图2-24为应用"重复所有项目标签"效果，如图2-25所示为应用"不重复项目标签"效果。

图2-24

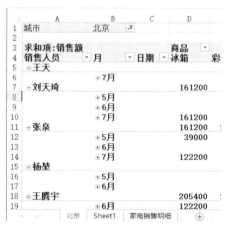

图2-25

TIPS | *"重复所有项目标签"的使用* |

在数据透视表中，如果用户在"数据透视表选项"对话框的"布局和格式"选项卡中，选中了"合并且居中排列带标签的单元格"复选框，则无法使用"重复所有项目标签"功能。

2.2.2

更改分类汇总的显示方式

　　如果对创建的数据透视表中的数据项进行了分组，用户就可以根据实际情况，选择是否显示汇总结果以及设置汇总结果的显示位置，主要有以下3种方式。

◆ **通过选项卡更改：** ❶选择数据透视表中任意单元格，❷在"数据透视表工具设计"选项卡"布局"组中单击"分类汇总"下拉按钮，❸选择需要是否显示汇总结果以及汇总结果的位置，如图2-26所示，这里将所有汇总结果在组的底部显示。

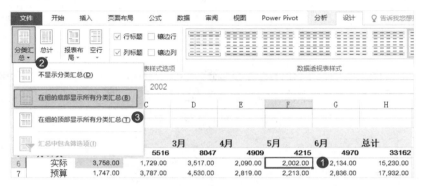

图2-26

◆ **通过快捷键菜单更改：** ❶选择数据透视表任意行字段标签，单击鼠标右键，❷在弹出的快捷菜单中选择对应的分类汇总命令，即可显示或取消显示分类汇总。如图2-27所示，这里只需选择"分类汇总'行'"命令，即可显示分类汇总结果。

			4月	5月	6月	总计
办公费	5505	8047	4909	4215	4970	33162
		1,729.00	3,517.00	2,090.00	2,002.00	2,134.00	15,230.00
		3,787.00	4,530.00	2,819.00	2,213.00	2,836.00	17,932.00
保		8,375.00	4,989.00	4,145.00	4,281.00	2,507.00	29,873.00
		4,799.00	2,844.00	1,409.00	1,572.00	1,251.00	13,057.00
		3,576.00	2,145.00	2,736.00	2,709.00	1,256.00	16,816.00
广		8,630.00	7,724.00	5,012.00	3,558.00	6,614.00	39,609.00
		4,787.00	4,830.00	1,452.00	2,508.00	1,623.00	20,197.00
		3,843.00	2,894.00	3,560.00	1,050.00	4,991.00	19,412.00
旅		4,511.00	4,901.00	5,086.00	5,101.00	6,653.00	34,396.00
		2,684.00	3,852.00	1,738.00	4,217.00	4,428.00	21,890.00
		1,827.00	1,049.00	3,348.00	884.00	2,225.00	12,506.00
水		3,481.00	7,744.00	5,705.00	4,904.00	5,755.00	31,310.00
		2,179.00	3,533.00	2,176.00	2,872.00	3,073.00	15,135.00

图2-27

◆ **通过对话框更改：**❶选择数据透视表任意行字段标签，单击鼠标右键，❷在弹出的快捷菜单中选择“字段设置”命令，打开“字段设置”对话框。在对话框的“分类汇总”栏中选中“无”单选按钮，单击“确定”按钮，即可关闭显示分类汇总结果，如图2-28所示。

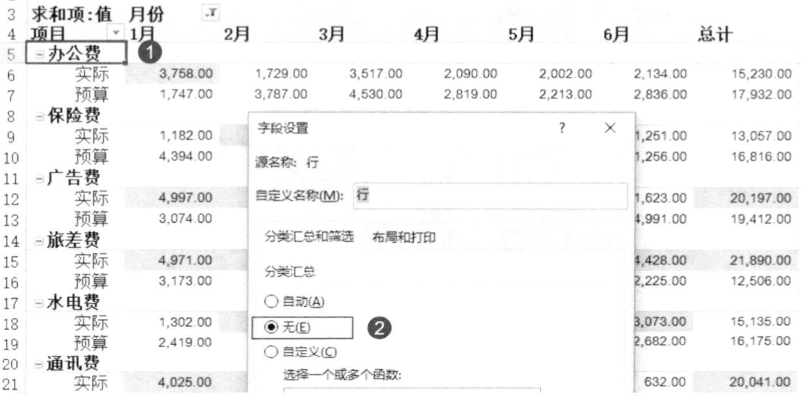

图2-28

2.2.3

总计的禁用与启动

默认情况下，新建的数据透视表中都包含行和列的总计，可以直观反映数据的总计情况，方便用户使用，如图2-29所示。

当然，用户还可以根据实际需要选择禁用与启动总计功能，❶只需选择“数据透视表工具 设计”选项卡“布局”组“总计”下拉列表，❷然后再选择禁用或启用即可，如图2-30所示。

求和项:值	月份			
项目	1月	2月	3月	总计
保险费				
实际	1,182.00	4,799.00	2,844.00	8,825.00
预算	4,394.00	3,576.00	2,145.00	10,115.00
水电费				
实际	1,302.00	2,179.00	3,533.00	7,014.00
预算	2,419.00	1,302.00	4,211.00	7,932.00
通讯费				
实际	4,025.00	4,269.00	2,926.00	11,220.00
预算	3,592.00	2,671.00	2,303.00	8,566.00
薪金				
实际	4,947.00	1,642.00	3,894.00	10,483.00
预算	2,852.00	3,302.00	1,970.00	8,124.00
租金				
实际	2,768.00	1,715.00	1,359.00	5,842.00
预算	3,561.00	3,277.00	1,433.00	8,271.00
总计	31,042.00	28,732.00	26,618.00	86,392.00

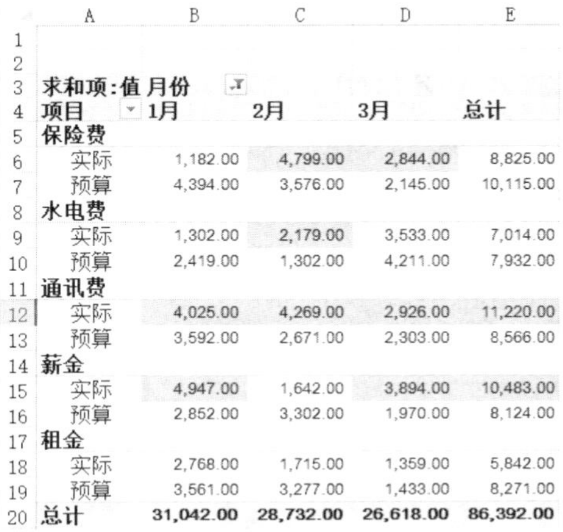

图2-29

图2-30

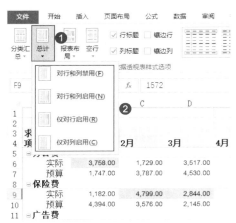

在实际开支分析表中，由于统计时不小心将行和列的总计给删除了，现需要显示其行和列的总计。下面以在实际开支分析表中启用行和列总计为例，讲解其相关操作。

分析实例 统计各月实际开支的总额

| 素材文件 | ◎素材\Chapter 2\实际开支分析.xlsx |
| 效果文件 | ◎效果\Chapter 2\实际开支分析.xlsx |

Step 01 打开"实际开支分析"素材，❶选择数据透视表区域内任意单元格，❷单击"数据透视表工具 设计"选项卡，如图2-31所示。

Step 02 ❶在"布局"组中单击"总计"下拉按钮，❷在弹出的下拉列表中选择"对行和列启用"选项，如图2-32所示。

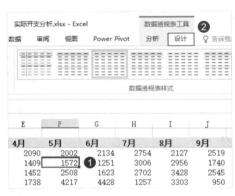

图2-31

图2-32

Step 03 完成后即可在数据透视表中查看各月各项开支的总额，如图2-33所示。

	A	B	C	D	E	F	G	H	I	J	K	L	M
2													
3	项目	1月	2月	3月	4月	5月	6月	7月	8月	9月	10月	11月	12月
4	办公费	3758	1729	3517	2090	2002	2134	2754	2127	2519	3030	2624	1029
5	保险费	1182	4799	2844	1409	1572	1251	3006	2956	1740	3732	2838	3886
6	广告费	4997	4787	4830	1452	2508	1623	2702	3428	2545	1189	4678	4816
7	旅差费	4971	2684	3852	1738	4217	4428	1257	3303	950	3492	3835	1150
8	水电费	1502	2179	3533	2176	2872	3073	1513	2340	4532	2455	2657	1120
9	通讯费	4025	4269	2926	4914	3275	632	3824	1275	2911	4977	4351	1277
10	薪水	5947	1642	3894	3364	3449	3677	3502	2513	2166	4857	3536	2944
11	杂费	4024	4307	2451	2900	4383	4230	1710	2794	2537	2320	1852	1390
12	租金	3768	1715	1359	4216	2692	1471	4602	1074	1415	2177	2648	3791
13	总计	34174	28111	29206	24259	26970	22519	24870	21810	21315	28229	29019	21403

图2-33

除了上面讲解的"对行和列启用"选项可以启用总计，用户还可以根据实际情况选择禁用和启用总计，具体如下。

◆ **对行和列禁用**：如果用户不希望显示行数据和列数据的总计，选择该命令即可将总计行和总计列隐藏。

◆ **仅对行启用**：用户只需要显示总计行，而不需要总计列。

◆ **仅对列启用**：用户只需要显示总计列，而不需要总计行。

2.2.4
在每个项目后插入空行

在一些数据透视表中，为了使报表简单明了、方便读者阅读，往往会在各项之间插入一列空白行来区分不同的数据行。

其方法比较简单，❶只需选择数据透视表任意单元格，❷在"数据透视表工具 设计"选项卡"布局"组单击"空行"下拉按钮，❸在弹出的下拉列表中选择"在每个项目后插入空行"选项即可，如图2-34所示。

如果需要删除这些插入的空行，选择"删除每个项目后的空行"选项即可，如图2-35所示。

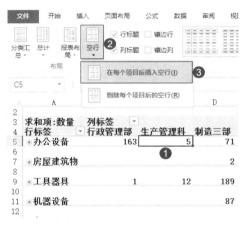

图2-34

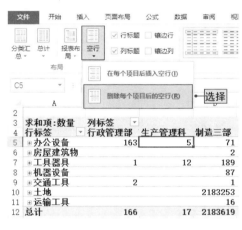

图2-35

2.2.5
显示或隐藏数据透视表的字段或字段项

在默认创建的数据透视表中，当选择数据透视表内单元格，就会自动显示"数据透视表字段"窗格、行字段和和列字段的标题，以及用于显示或隐藏明细数据的"展开"和"折叠"按钮。用户可以根据实际情况显示或隐藏数据透视表的字段或字段项。

1.显示"数据透视表字段"窗格

默认情况下，数据透视表创建完成后，会自动在窗口右侧显示"数据透视表字段"窗格。用户在对报表完成布局后，为了扩大数据透视表的可视化区域，可将该窗格隐藏起来。

但如果在使用数据透视表布局过程中，不小心将"数据透视表字段"窗格给关闭了，但用户又需要使用该窗格，则可以通过以下两种方式打开。

◆ **通过选项卡按钮打开：**❶选择数据透视表任意单元格，❷"在数据透视表工具 分析"选项卡"显示"组中单击"字段列表"按钮即可，如图2-36所示。

◆ **通过快捷菜单命令打开：**❶选择数据透视表任意单元格，❷单击鼠标右键，在弹出的快捷菜单中选择"显示字段列表"命令即可，如图2-37所示。

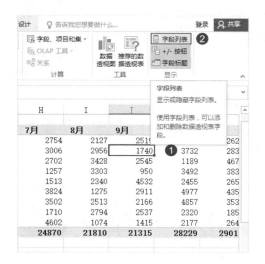

图2-36

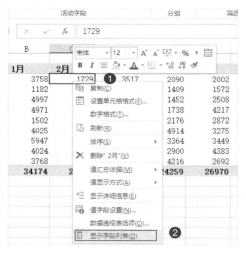

图2-37

2.设置行、列字段标题的显示状态

默认情况下，Excel会在创建的数据透视表中显示行字段和列字段的标题。但如果用户希望将行字段和列字段标题隐藏，❶只需选择数据透视表内任意单元格，❷在"数据透视表工具 分析"选项的"显示"组中单击"字段标题"按钮即可，如2-38左图所示。完成后即可查看其报表效果，如2-38右图所示。

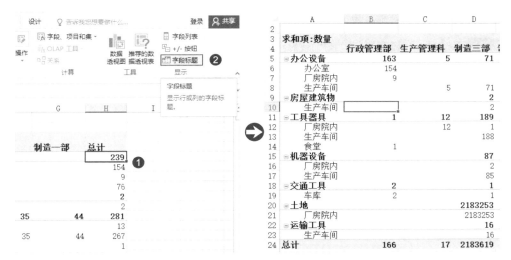

图2-38

3.展开和折叠字段

如果在"数据透视表字段"窗格的行区域和列区域列表框中包含两个或两个以上的字段，那么在数据透视表中就会对不同区域的多个字段按层次进行排列，如图2-39所示。

求和项:数量	行政管理部	生产管理科	制造三部	制造二部	制造一部	总计
办公设备	163	5	71			239
办公室	154					154
厂房院内	9					9
生产车间		5	71			76
房屋建筑物			2			2
生产车间			2			2
工具器具	1	12	189	35	44	281
厂房院内		12	1			13
生产车间			188	35	44	267
食堂	1					1
机器设备			87		2	89
厂房院内			2			2
生产车间			85		2	87

图2-39

对于层次相对较低的字段，用户可以根据实际情况有选择性地将其展开或折叠，主要有以下两种方式。

◆ **通过选项卡展开或折叠：** ❶选择数据透视表任意单元格，❷在"数据透视表工具 分析"选项卡"活动字段"组单击"展开字段"或"折叠字段"按钮即可，如图2-40所示。

◆ **通过单击"+/-"按钮展开或折叠：** 在需要展开和折叠的字段前单击"+"或

"-"按钮即可，如图2-41所示。

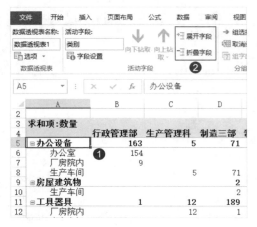

图2-40

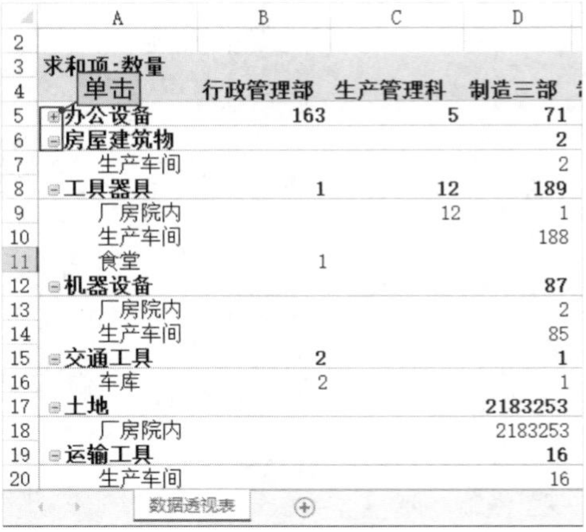

图2-41

合并且居中带标签的单元格

一般情况下，数据透视表通常的字段标签都不是以居中的方式显示。很多时候与表格制作要求的表头对齐方式不同，为了数据分析的方便，用户可以在数据透视表中设置带标签单元格的对齐方式为合并且居中排列。

❶只需选择数据透视表中的任意单元格，单击鼠标右键，❷在弹出的快捷菜单中选择"数据透视表选项"命令，如图2-42所示。❸在打开的"数据透视表选项"对话框的"布局和格式"选项卡下"布局"组中选中"合并且居中排列带标签的单元格"复选框，然后单击"确定"按钮即可，如图2-43所示。

图2-42

图2-43

2.3 获取数据透视表的数据源

在数据透视表中，一般不能对其中的数据进行直接修改，而只能够在其数据源中进行数据的增加、删除和修改等操作。

2.3.1
显示数据透视表数据源的所有信息

如果数据透视表的数据源不小心被删除了，但需要对整个数据源进行修改，这时就需要获取数据源的所有信息。

下面以根据"各项开支分析"工作簿中数据透视表获取其数据源的所有信息为例，讲解其操作。

分析实例 通过数据透视表获取各月各项开支清单

素材文件	◎素材\Chapter 2\各项开支分析.xlsx
效果文件	◎效果\Chapter 2\各项开支分析.xlsx

Step 01 打开"各项开支分析"素材，❶选择数据透视表任意单元格，单击鼠标右键，❷在弹出的快捷菜单中选择"数据透视表选项"命令，如图2-44所示。

Step 02 ❶在打开的"数据透视表选项"对话框中单击"数据"选项卡，❷选中"数据透视表数据"栏的"启用显示明细数据"复选框，单击"确定"按钮，如图2-45所示。

图2-44

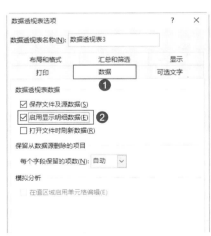

图2-45

Step 03 双击数据透视表的列数据和行交汇处单元格，即M13单元格即可，如图2-46所示。

3 行标签	1月	2月	3月	4月	5月	6月	7月	8月	9月	10月	11月	12月
4 办公费	3758	1729	3517	2090	2002	2134	2754	2127	2519	3030	2624	1029
5 保险费	1182	4799	2844	1409	1572	1251	3006	2956	1740	3732	2838	3886
6 广告费	4997	4787	4830	1452	2508	1623	2702	3428	2545	1189	4678	4816
7 旅差费	4971	2684	3852	1738	4217	4428	1257	3303	950	3492	3835	1150
8 水电费	1502	2179	3533	2176	2872	3073	1513	2340	4532	2455	2657	1120
9 通讯费	4025	4269	2926	4914	3275	632	3824	1275	2911	4977	4351	1277
10 薪水	5947	1642	3894	3364	3449	3677	3502	2513	2166	4857	3536	2944
11 杂费	4024	4307	2451	2900	4383	4230	1710	2794	2537	2320	1852	1390
12 租金	3768	1715	1359	4216	2692	1471	4602	1074	1415	2177	2648	3791
13 总计	34174	28111	29206	24259	26970	22519	24870	21810	21315	28229	29019	21403

双击

⬇

	A	B	C	D	E	F	G	H	I	J	K	L	M
1	项目	1月	2月	3月	4月	5月	6月	7月	8月	9月	10月	11月	12月
2	办公费	3758	1729	3517	2090	2002	2134	2754	2127	2519	3030	2624	1029
3	保险费	1182	4799	2844	1409	1572	1251	3006	2956	1740	3732	2838	3886
4	广告费	4997	4787	4830	1452	2508	1623	2702	3428	2545	1189	4678	4816
5	旅差费	4971	2684	3852	1738	4217	4428	1257	3303	950	3492	3835	1150
6	水电费	1502	2179	3533	2176	2872	3073	1513	2340	4532	2455	2657	1120
7	通讯费	4025	4269	2926	4914	3275	632	3824	1275	2911	4977	4351	1277
8	薪水	5947	1642	3894	3364	3449	3677	3502	2513	2166	4857	3536	2944
9	杂费	4024	4307	2451	2900	4383	4230	1710	2794	2537	2320	1852	1390
10	租金	3768	1715	1359	4216	2692	1471	4602	1074	1415	2177	2648	3791

图2-46

2.3.2

显示统计结果的明细数据

如果用户要获取统计分析结果的数据源，只需要在启用显示数据明细功能的前提下，双击结果单元格就可以了。例如，想要获取公司"保险费"所有数据，只需双击数据透视表B5～M5任意单元格即可，如图2-47所示。

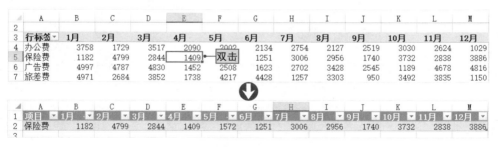

图2-47

 TIPS 禁止显示数据源的明细数据 🔍

用户如果不希望显示数据源的任何明细数据，可以在"数据透视表选项"对话框"数据"选项卡"数据透视表数据"栏取消选中"启用显示明细数据"复选框即可。

数据透视表的
美化与编辑操作

　　创建数据透视表后，用户往往都希望将自己的报表装点得更加丰富多彩，提高读者阅读体验。此外，用户还经常会出现数据源发生改变、数据透视表信息没有同步更新导致数据分析错误的情况。本章将针对上述两个问题向用户介绍如何美化和编辑数据透视表。

学习建议与计划

第4天

使用样式美化报表

应用数据透视表内置样式
自定义数据透视表样式

处理数据透视表单元格

处理数据透视表的空白项
设置空白单元格和错误值的显示方式

第5天

在数据透视表中应用条件格式

通过公式使数据结果突出显示
通过数据条使数据大小更清晰
......

刷新操作确保数据始终最新

手动刷新数据透视表的方法
如何实现数据透视表的自动刷新
......

3.1 使用样式美化报表

在Excel中创建表格之后，一般都会对这些表格进行适当的美化操作，数据透视表同样也可以进行美化操作。主要分为应用内置样式美化和自定义数据透视表样式美化两种。

3.1.1 应用数据透视表内置样式

在数据透视表的"数据透视表工具 设计"选项卡的"数据透视表样式"组中，除了系统默认的数据透视表样式外，还提供了浅色、中等深浅和深色样式各28种样式，用户可以直接使用这些内置的样式快速实现数据透视表的美化。

下面以使用内置样式美化"固定资产清单"工作簿中数据透视表的样式为例，讲解其操作。

分析实例 使用内置样式美化数据透视表

素材文件	◎素材\Chapter 3\固定资产清单.xlsx
效果文件	◎效果\Chapter 3\固定资产清单.xlsx

Step 01 打开"固定资产清单"素材，❶选择数据透视表任意单元格，❷单击"数据透视表工具 设计"选项卡"数据透视表样式"组"其他"按钮，如图3-1所示。

Step 02 在弹出的下拉菜单中选择需要的样式即可，这里选择"数据透视表样式浅色 14"选项，如图3-2所示。

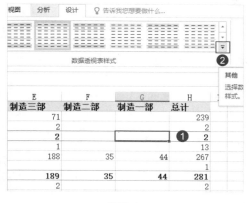

图3-1　　　　　　　　　　图3-2

Step 03 应用完成后即可查看样式效果，如图3-3所示。

		行政管理部	生产管理科	制造三部	制造二部	制造一部	总计
办公设备		163	5	71			239
房屋建筑物	生产车间			2			2
房屋建筑物 汇总				2			2
工具器具	厂房院内		12	1			13
	生产车间			188	35	44	267
	食堂	1					1
工具器具 汇总		1	12	189	35	44	281
机器设备	厂房院内			2			2
	生产车间			35		2	37
机器设备 汇总				87		2	89
交通工具	车库						3
交通工具 汇总		2		1			3
土地	厂房院内			2183253			2183253
土地 汇总			2183253				2183253
运输工具	生产车间			16			16
运输工具 汇总				16			16
总计		166	17	2183619	35	46	2183883

图3-3

TIPS 套用表格格式美化数据透视表

除了上面介绍的在"数据透视表工具 设计"选项卡"数据透视表样式"组中应用内置样式外，用户还可以直接在"开始"选项卡"样式"组的"套用表格格式"下拉菜单中应用样式，如图3-4所示。

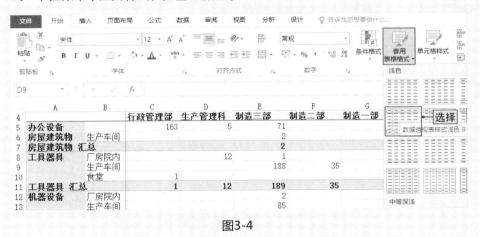

图3-4

3.1.2
自定义数据透视表样式

虽然Excel提供了几十种数据透视表内置样式，但并不能满足所有用户的实际需求。当内置样式中没有合适的数据透视表样式时，用户可以自定义数据透视表样式，并重复使用这些样式。

　　自定义数据透视表样式的方式主要有两种，一种是在现有的数据透视表样式上进行修改，另一种是完全新建数据透视表样式。

　　在应用某个内置样式后发现其存在一定的缺陷，为了使报表更加美观，用户可以在该种内置样式的基础上进行修改并定义为自己的样式。

　　下面以在公司资产清单表内置样式的基础上进行自定义数据透视表样式为例，讲解其相关操作。

分析实例 **在现有报表内置样式的基础上自定义数据透视表样式** ———————————

素材文件	◎素材\Chapter 3\公司资产清单.xlsx
效果文件	◎效果\Chapter 3\公司资产清单.xlsx

Step 01 打开"公司资产清单"素材，可看到工作表中的数据透视表已应用了内置"数据透视表样式浅色 24"样式，但使用该样式后，其分类汇总项标记不明显，不能快速、准确获取该项数据，如图3-5所示。

Step 02 ❶选择数据透视表任意单元格，❷在"数据透视表工具 设计"选项卡"数据透视表样式"组的"数据透视表样式浅色 24"样式上单击鼠标右键，❸在弹出的快捷菜单中选择"复制"命令，如图3-6所示。

图3-5

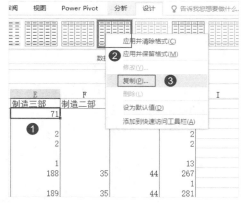

图3-6

Step 03 ❶在"修改数据透视表样式"对话框中的"名称"文本框中输入名称"清单样式"，❷"表元素"列表框中已应用的表元素需加粗显示，选择"分类汇总行1"选项，❸单击"格式"按钮，如图3-7所示。

Step 04 ❶在打开的"设置单元格格式"对话框中单击"字体"选项卡，❷单击"颜色"下拉列表框，选择"红色，个性色2、深色25%"颜色，如图3-8所示。

图3-7　　　　　　　　　　　　　　　　　　图3-8

Step 05 ❶单击"填充"选项卡，❷选择合适的颜色，单击"确定"按钮返回"修改数据透视表样式"对话框，单击"确定"按钮关闭对话框，如图3-9所示。

Step 06 单击"数据透视表样式"下拉按钮，在展开的"数据透视表样式"库的"自定义"栏中选择"清单样式"选项，如图3-10所示。

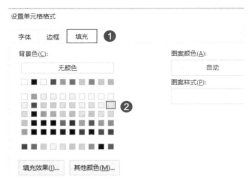

图3-9　　　　　　　　　　　　　　　　　　图3-10

Step 07 应用完成后即可查看其效果，如图3-11所示。

	A	B	C	D	E	F	G	H
4			行政管理部	生产管理科	制造三部	制造二部	制造一部	总计
5	办公设备		163	5	71			239
6	房屋建筑物							
7		生产车间			2			2
8	房屋建筑物 汇总				2			2
9	工具器具							
10		厂房院内		12	1			13
11		生产车间			188	35	44	267
12		食堂	1					1
13	工具器具 汇总		1	12	189	35	44	281
14	机器设备							
15		厂房院内			2			2
16		生产车间			85		2	87
17	机器设备 汇总				87		2	89

图3-11

如果用户想要从一个空白的样式完全新建数据透视表样式，❶只需单击"数据透视表样式"组中的"其他"下拉按钮，在弹出的下拉菜单中选择"新建数据透视表样式"命令，❷在打开的"新建数据透视表样式"对话框中进行相关样式的设置即可，如图3-12所示。

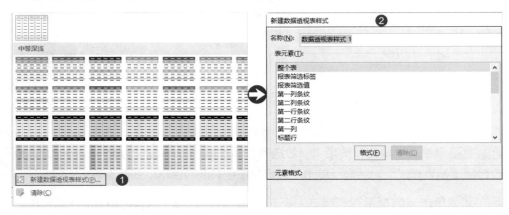

图3-12

如果用户需要清除数据透视表中所应用的样式，❶只需选择数据透视表任意单元格，❷在"数据透视表工具 设计"选项卡中单击"数据透视表样式"组的"其他"下拉按钮，❸在下拉菜单中选择"浅色"样式栏中的第一种样式"无"选项，❹或选择下方的"清除"选项即可，如图3-13所示。

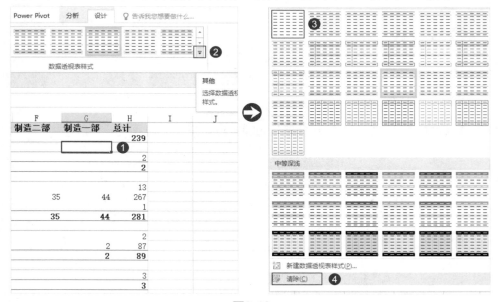

图3-13

此外，用户如果需要删除自定义数据透视表样式，❶只需在"数据透视表样式"组中"其他"下拉按钮，右击需要删除的数据透视表样式，❷在弹出的快捷菜单中选择"删除"命令即可，如图3-14所示。

图3-14

3.2　处理数据透视表单元格

除了可以应用内置样式美化数据透视表外，用户还可以通过处理数据透视表中的单元格达到美化报表的效果。

3.2.1 处理数据透视表的空白项

如果数据源中存在空白的数据项，那么在创建的数据透视表行字段中的空白数据项就会默认显示为"（空白）"字样，在值区域中的空白数据也会默认显示为空值。为了报表美观，一般需要对这些空白项进行处理。

下面以对家电销售统计表中的空白项进行处理为例，讲解其相关操作，具体如下。

分析实例 对数据透视表中的空白项进行处理

素材文件	◎素材\Chapter 3\家电销售统计.xlsx
效果文件	◎效果\Chapter 3\家电销售统计.xlsx

Step 01 打开"家电销售统计"素材，按【Ctrl+H】组合键打开"查找和替换"对话框，在"查找内容"文本框中输入"（空白）"文本，在"替换为"文本框中按空格键，如图3-15所示。

Step 02 ❶单击"全部替换"按钮，在打开的对话框中将提示已完成替换，❷单击
"确定"按钮关闭对话框，如图3-16所示。

图3-15　　　　　　　　　　　　　　　　图3-16

Step 03 单击"关闭"按钮，完成后在返回的数据透视表中即可查看其效果，如
图3-17所示。

	城市	销售人员	销售量	销售额
		王学敏	296	816,820.00
		刘流	136	373,300.00
		刘宇	266	720,220.00
	北京	周宇	290	999,400.00
		张琪	285	957,990.00
		车泉	216	536,400.00
	北京 汇总		1489	4,404,130.00

图3-17

TIPS *通过筛选功能处理空白数据项*

　　除了上例讲的利用查找替换处理空白数据项外，用户还可以通过行字段标题
筛选功能对其进行处理。在本例中，❶只需单击"销售人员"右侧的下拉按钮，
❷在打开的筛选面板中取消选中"（空白）"复选框即可，如图3-18所示。

图3-18

3.2.2
设置空白单元格和错误值的显示方式

而对于数据透视表值区域中的空白数据项，不能使用前面介绍的查找替换法来进行处理，但用户可以设置该空白单元格的显示方式，将空白项显示为指定内容。

下面以将销售记录清单表中的空白数据项显示为"未购买"文本为例，讲解其相关操作。

分析实例 将数据透视表中的空白单元格替换为"未购买"文本

素材文件	◎素材\Chapter 3\销售记录清单.xlsx
效果文件	◎效果\Chapter 3\销售记录清单.xlsx

Step 01 打开"销售记录清单"素材，❶选择数据透视表任意单元格，单击鼠标右键，❷在弹出的快捷菜单中选择"数据透视表选项"命令，如图3-19所示。

Step 02 ❶在打开的"数据透视表选项"对话框中单击"布局和格式"选项卡，❷在"格式"栏选中"对于空单元格，显示"复选框，并在文本框中输入"未购买"文本，如图3-20所示。

图3-19

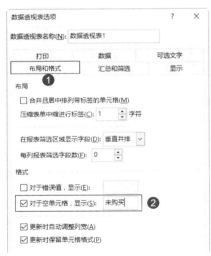

图3-20

Step 03 单击"确定"按钮后，即可在返回的数据透视表中查看其效果，如图3-21所示。

	A	B	C	D	E	F
2						
3	求和项:订单金额	客户 ▼				
4	商品 ▼	客户A	客户B	客户C	客户D	总计
5	GH01931	3,800,000.00	2,200,000.00	500,000.00	未购买	6,500,000.00
6	GH01932	3,400,000.00	3,400,000.00	1,900,000.00	900,000.00	9,600,000.00
7	GH01933	1,300,000.00	700,000.00	未购买	未购买	2,000,000.00
8	GH01946	2,700,000.00	600,000.00	未购买	未购买	3,300,000.00
9	GH01950	2,200,000.00	2,800,000.00	未购买	400,000.00	5,400,000.00
10	GH01951	未购买	300,000.00	未购买	700,000.00	1,000,000.00
11	GH01952	未购买	700,000.00	未购买	700,000.00	1,400,000.00
12	GH01934	未购买	500,000.00	700,000.00	未购买	1,200,000.00
13	GH01947	1,700,000.00	1,100,000.00	未购买	未购买	2,800,000.00
14	GH01948	未购买	200,000.00	未购买	300,000.00	500,000.00
15	GH01949	400,000.00	200,000.00	1,600,000.00	未购买	2,200,000.00
16	GH01953	500,000.00	未购买	未购买	未购买	500,000.00
17	GH01954	200,000.00	未购买	未购买	未购买	200,000.00
18	总计	16,200,000.00	12,700,000.00	4,700,000.00	3,000,000.00	36,600,000.00

图3-21

除了处理空白单元格外，对于错误值也可以使用该方法进行处理，将数据透视表中的错误值显示为指定内容。其方法一样，只需在"数据透视表选项"对话框中选中"对于错误值，显示"复选框，并在后面的文本框中输入指定的替换内容即可。

3.3 在数据透视表中应用条件格式

在Excel中，条件格式的功能是十分强大的，条件格式结合数据透视表的应用，将使数据透视表功能更完善。

3.3.1
通过公式使数据结果突出显示

在使用数据透视表进行数据分析时，用户可以通过公式将其中需要注意的内容设置为与主体部分有所区别或较为显眼的格式，使这些数据结果能够突出显示。

下面以将实际与预算对比分析表中超出预算的实际开支费用突出显示为例，讲解其相关操作。

分析实例 突出显示超出预算的实际开支费用

素材文件	◎素材\Chapter 3\实际与预算对比分析.xlsx
效果文件	◎效果\Chapter 3\实际与预算对比分析.xlsx

Step 01 打开"实际与预算对比分析"素材，❶选择数据透视表任意单元格，❷单

击"数据透视表工具 分析"选项卡"操作"组的"选择"下拉按钮，❸在下拉列表中选择"启用选定内容"选项，确认选定内容处于选择状态，如图3-22所示。

Step 02 将鼠标定位到A6单元格，待鼠标指针变为向右黑色箭头时，单击该单元格选择所有实际费用数据，如图3-23所示。

图3-22

图3-23

Step 03 ❶单击"开始"选项卡"样式"组的"条件格式"下拉按钮，❷选择"新建规则"命令，如图3-24所示。

Step 04 ❶在打开的"新建格式规则"对话框中选择"使用公式确定要设置格式的单元格"选项，❷在"为符合此公式的值设置格式"文本框中输入公式，❸然后单击"格式"按钮，如图3-25所示。

图3-24

图3-25

Step 05 ❶在打开的"设置单元格格式"对话框中单击"填充"选项卡，❷选择一种背景色，再依次单击"确定"按钮关闭对话框，如图3-26所示。

Step 06 完成后即可在数据透视表中查看，已将实际与预算对比分析表中超出预算的实际开支费用突出显示，如图3-27所示。

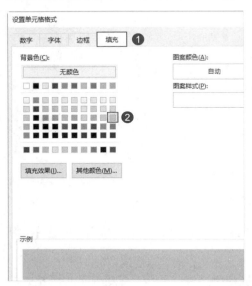

图3-26

图3-27

3.3.2
通过数据条使数据大小更清晰

在数据透视表的值区域中，每个单元格中都是数据，很难直观清晰地看出谁大谁小。但如果使用数据条则可以清晰明了地查看两者之间的对比情况。"数据条"的长度代表单元格中值的大小，越长表示值越大，越短表示值越小。

下面以将销售额对比表中的产品订单金额应用数据条显示对比分析数据大小为例，讲解其相关操作。

分析实例 以数据条对比分析产品订单金额

素材文件	◎素材\Chapter 3\销售额对比.xlsx
效果文件	◎效果\Chapter 3\销售额对比.xlsx

Step 01 打开"销售额对比"素材，❶选择"求和项：订单金额"字段任意单元格，❷单击"开始"选项卡"样式"组的"条件格式"下拉按钮，❸在其下拉菜单中

选择"数据条"子菜单任意一种数据条样式，如图3-28所示。

Step 02 ❶单击该单元格右侧的"格式选项"下拉按钮，❷在其下拉列表中选中最后一个单选按钮，为每个客户的订单总金额设置数据条，如图3-29所示。

图3-28　　　　　　　　　　　　　图3-29

3.3.3
通过图标集使数据等级分明

　　应用图标集，可以将单元格区域中的数据按照值的大小分为3～5档，通过数据档次可以大致判断出数据的大小、数据在整个数据集中所处的位置等；将数据透视表的数据以图标的形式在数据透视表内显示，使数据透视表更加易懂、专业。

　　下面以在工资分析表中应用图标集展示员工工资等级为例，讲解其相关操作。

分析实例 将员工工资分为多个等级并获取每个员工的工资等级

| 素材文件 | ◎素材\Chapter 3\工资等级分析.xlsx |
| 效果文件 | ◎效果\Chapter 3\工资等级分析.xlsx |

Step 01 打开"工资等级分析"素材，❶选择"求和项：实发工资"字段任意单元格，❷单击"开始"选项卡"样式"组的"条件格式"下拉按钮，❸在下拉列表中的"图标集"子菜单中选择一个图标集样式，如图3-30所示。

Step 02 ❶单击该单元格右侧的"格式选项"下拉按钮，❷在其下拉列表中选中最后一个单选按钮，即可将设置的图标集样式应用到所有员工的实发工资中，如图3-31所示。

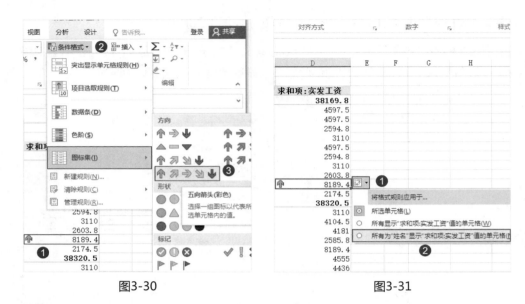

图3-30　　　　　　　　　　　　　　　　图3-31

Step 03 设置完成后，就可以在数据透视表中查看每个员工的工资等级，如图3-32所示。

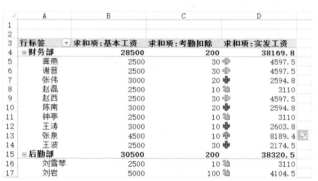

图3-32

3.3.4
通过色阶展示数据的分布变化

　　颜色渐变作为一种直观的展示效果，可以帮助用户了解数据的分布变化。如将较小的值设置为较浅的颜色、较大的值设置为较深的颜色。这样就可以直观地判断数值处于整个数据集的大小位置、连续数据的变化情况等。

　　下面以在销售趋势分析表中应用色阶直观显示销售变化趋势为例，讲解其相关操作。

分析 实例 通过色阶展示销售变化趋势

素材文件	◎素材\Chapter 3\销售趋势分析.xlsx
效果文件	◎效果\Chapter 3\销售趋势分析.xlsx

Step 01 打开"销售趋势分析"素材，❶选择数据透视表"订单金额"字段任意单元格，❷单击"开始"选项卡"条件格式"下拉按钮，❸根据需要选择"色阶"子菜单中的一种色阶样式，如图3-33所示。

Step 02 ❶单击该单元格右侧的"格式选项"下拉按钮，❷在其下拉列表中选中最后一个单选按钮，即可将设置的色阶应用到每个月的订单金额中，如图3-34所示。

图3-33　　　　　　　　　　　　　　　　图3-34

3.4　刷新操作确保数据始终最新

当数据源发生改变时，为了使数据透视表能够实时反映其变化结果，就需要对数据透视表进行刷新，从而使用数据源的最新内容更新数据透视表，确保数据始终最新。

3.4.1
手动刷新数据透视表的方法

当数据透视表的数据源发生变化时，用户可以通过手动刷新数据透视表，使数据透视表中的数据与数据源同步更新，其主要有以下两种方法。

◆ **通过快捷键菜单刷新：**❶选择数据透视表任意单元格，单击鼠标右键，❷在弹出的快捷菜单中选择"刷新"命令，如图3-35所示。

◆ **通过选项卡按钮刷新：**❶选择数据透视表任意单元格，❷在"数据透视表工具分析"选项卡"数据"组中单击"刷新"按钮，如图3-36所示。

图3-35   图3-36

3.4.2
如何实现数据透视表的自动刷新

除了前面介绍的手动刷新外，还可以通过自动刷新来更新数据透视表。常用于用户在打开数据透视表后，不知道数据源是否发生了变化，为了准确得到最新数据，就可以设置自动刷新数据透视表。

1.设置在打开文件时自动刷新数据

用户为了确保数据实时更新，可以在每次打开文件时，都对数据透视表进行一次刷新。❶只需选择数据透视表任意单元格，单击鼠标右键，❷选择"数据透视表选项"命令，❸在打开的对话框中单击"数据"选项卡，选中"打开文件时刷新数据"复选框，单击"确定"按钮即可，如图3-37所示。

图3-37

2.使用VBA代码设置自动刷新

在Excel中，使用VBA代码是实现自动化操作的常用方法，当然也可以实现自动刷新。

使用VBA代码设置数据透视表自动刷新时，需要采用到一句代码，该代码如下。

Me.PivotTables("[数据透视表]").PivotCache.Refresh

"Me"表示当前对象，这里指当前工作表，如果刷新的不是当前工作表中的数据透视表，可以将"Me"替换为对应的包含数据透视表的工作表名称。在使用时需要将中括号部分替换为需要刷新的数据透视表的名称。

下面以将员工信息表用VBA代码设置自动刷新为例，讲解其相关操作。

分析实例 自动刷新员工信息表数据 ———————————————————————·

素材文件	◎素材\Chapter 3\员工信息表.xlsx
效果文件	◎效果\Chapter 3\员工信息表.xlsm

Step 01 打开"员工信息表"素材，❶在"Sheet1"工作表标签上单击鼠标右键，❷在弹出的快捷菜单中选择"查看代码"命令，如图3-38所示。

Step 02 在打开的对话框中输入当前工作表激活时刷新表格中名为"数据透视表"的数据透视表代码，然后关闭代码生成器，如图3-39所示。

图3-38

图3-39

Step 03 ❶切换到"员工基本信息"工作表，按【Ctrl+H】组合键打开"查找和替换"对话框，在文本框中输入将"行政中心"替换为"行政部"，❷单击"全部替换"按钮，如图3-40所示。

Step 04 关闭对话框，再切换到"Sheet1"工作表，即可查看数据透视表已完成更新，如图3-41所示。

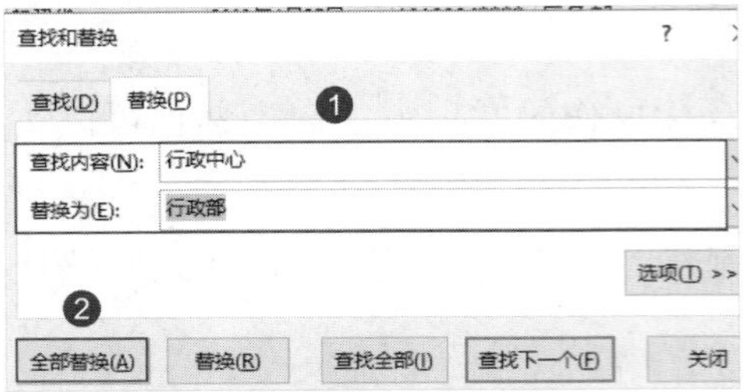

图3-40

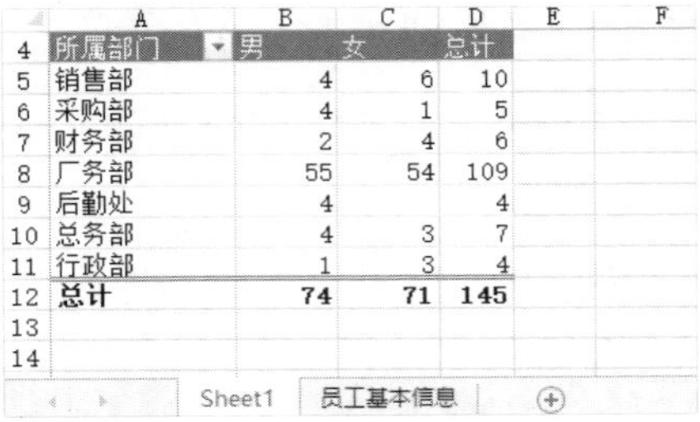

图3-41

TIPS │ VBA代码输入

在上面的案例中，VBA代码括号中的数据透视表名称必须根据实际情况修改。如果用户不知道目标数据透视表的名称，❶可以在数据透视表任意单元格上单击鼠标右键，❷在弹出的快捷菜单中选择"数据透视表选项"命令，❸打开"数据透视表选项"对话框，在"数据透视表名称"文本框内即可查看，如图3-42所示。

图3-42

3.4.3
刷新数据透视表后保持列宽不变

在使用数据透视表时，用户可能遇到数据刷新之后，其列宽也随之发生变化的情况。这是因为在默认情况下，数据透视表会为各列设置最合适列宽，这就会使得刷新之前设置的列宽失效。

用户想要刷新数据透视表后保持列宽不变，❶只需选择数据透视表任意单元格，❷单击鼠标右键，在弹出的快捷菜单中选择"数据透视表选项"命令，❸单击对话框的"布局和格式"选项卡，❹取消选中"更新时自动调整列宽"复选框，单击"确定"按钮即可，如图3-43所示。

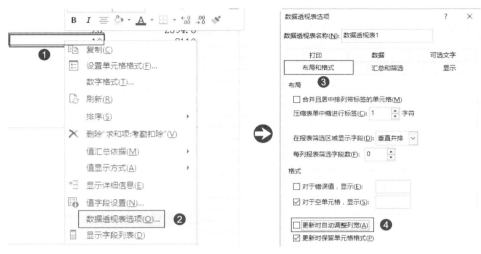

图3-43

3.4.4
定时刷新外部数据源的数据透视表

如果数据透视表是根据外部数据源创建的，用户还可以让数据透视表在指定时间间隔自动刷新。每过一段指定时间，便自动刷新一次数据透视表，从而确保数据始终为最新的。

定时刷新根据外部数据源创建的数据透视表，❶只需选择数据透视表任意单元格，❷在"数据"选项卡"连接"组中单击"属性"按钮，打开"连接属性"对话框，❸选中"刷新频率"复选框，并在文本框中设置定时刷新时间，单击"确定"按钮即可，如图3-44所示。

图3-44

推迟布局更新

　　用户在进行数据分析时，每一次进行添加、移动和删除字段，程序都会将数据透视表刷新一次。如果数据透视表数据量较大，则刷新需要等待很长的时间才能完成，这可能会影响进一步操作。要解决这一问题，用户只需使用"推迟布局更新"功能来延迟数据透视表的更新，等到所有字段布局完成后，再一并更新数据透视表的数据即可。

　　只需在"数据透视表字段"窗格中选中"推迟布局更新"复选框即可，如图3-45所示。

图3-45

控制数据透视表的
显示顺序和内容

用户可以对数据透视表中的数据进行排序处理，从而以特定的顺序查看数据；还可以通过筛选功能控制数据透视表的显示内容，使报表更加直观、易懂，分析的目的更明确。

学习建议与计划

第6天	**数据透视表的排序** 手动排序 自动排序 .... **数据透视表的筛选** 利用字段的下拉列表进行筛选 利用字段的标签进行筛选 ....
第7天	**运用切片器控制数据透视表的显示** 在数据透视表中插入切片器 认识切片器结构 设置切片器格式 ....

4.1 数据透视表的排序

如果数据透视表看起来杂乱无章，容易让读者困惑，不能明白报表想要表达的意思。因此对数据进行排序是相当重要的，合理的排序可以让读者一目了然，提高工作效率，下面对几种排序方法分别进行介绍。

4.1.1
手动排序

在数据透视表中可能会出现一些特殊的情况，如11月、12月会被排列到1月之前，由于多音字缘故排列顺序位置不对等。为了解决这些问题，用户就可以使用手动排序的方法将这些数据项调整到相应的位置，该排序方法适合对少量的数据进行排序。

下面以将支出费用分析表中的"薪金"字段调整到表的第一项为例，讲解其相关操作。

分析实例 调整各项开支费用的顺序

素材文件	◎素材\Chapter 4\支出费用分析.xlsx
效果文件	◎效果\Chapter 4\支出费用分析.xlsx

Step 01 打开"支出费用分析"素材，选择A23单元格，将鼠标光标移动到单元格右侧，如图4-1所示。

Step 02 当鼠标变为四向箭头时，按住鼠标左键不放，将其拖到到A4单元格上边框线上，松开鼠标即可完成手动排序，如图4-2所示。

图4-1

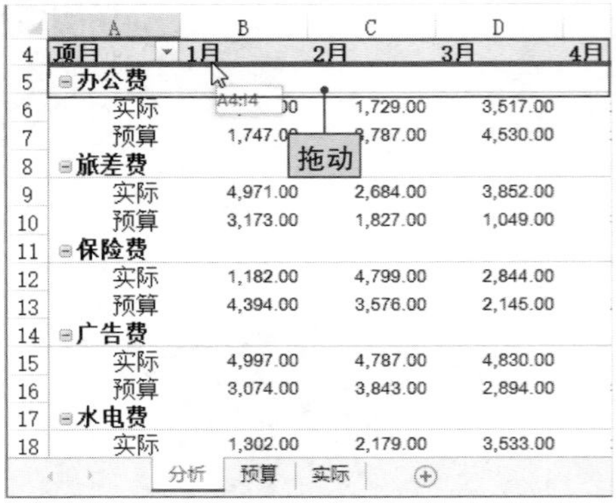

图4-2

Step 03 完成后即可在数据透视表中查看到"薪金"字段处于报表的第一项，如图4-3所示。

4	项目	1月	2月	3月	4月	5月	6月	7月	总计
5	薪金								
6	实际	4,947.00	1,642.00	3,894.00	3,364.00	3,449.00	3,677.00	3,502.00	24,475.00
7	预算	2,852.00	3,302.00	1,970.00	3,300.00	1,199.00	4,134.00	2,635.00	19,392.00
8	办公费								
9	实际	3,758.00	1,729.00	3,517.00	2,090.00	2,002.00	2,134.00	2,754.00	17,984.00
10	预算	1,747.00	3,787.00	4,530.00	2,819.00	2,213.00	2,836.00	1,601.00	19,533.00
11	旅差费								
12	实际	4,971.00	2,684.00	3,852.00	1,738.00	4,217.00	4,428.00	1,257.00	23,147.00
13	预算	3,173.00	1,827.00	1,049.00	3,348.00	884.00	2,225.00	3,192.00	15,698.00
14	保险费								
15	实际	1,182.00	4,799.00	2,844.00	1,409.00	1,572.00	1,251.00	3,006.00	16,063.00

图4-3

4.1.2

自动排序

默认情况下，数据透视表中的字段项是按首字母升序排列的。如果数据透视表不是根据该方法排序，用户可以根据实际需要进行排序。

❶选择数据透视表任意单元格，单击鼠标右键，在弹出的快捷菜单中选择"排序"命令，❷在子菜单中选择用户需要的排序方法即可，如这里选择"降序"选项，如图4-4所示。

图4-4

4.1.3

使用其他排序选项排序

除了手动排序和自动排序外，用户还可以使用其他排序选项进行排序，如按值排序、按笔画排序以及自定义排序等。

1.按值排序

前面主要介绍的是对行和列字段进行排序，其实在数据透视表中还可以对值字段进行排序。按值排序又可以分为两种情况，分别为对列进行排序和对行进行排序。

在按值排序的方式中，默认情况下就是对列进行按值排序，对列进行排序与自动排序其方法一样，使用快捷键选择排序方式即可。

在数据透视表中，如果需要将各列的数据按照某一行的数据进行排序，就可以通过按值排序来实现。

下面以将服装匹配表中的匹配程度按20岁以下年龄段来进行排序为例，讲解其相关操作。

分析实例 将服装匹配程度按照20岁以下年龄段排序 _____

素材文件	◎素材\Chapter 4\服装匹配.xlsx
效果文件	◎效果\Chapter 4\服装匹配.xlsx

[Step 01] 打开"服装匹配"素材，❶选择E5单元格，❷单击"数据"选项卡"排序与筛选"组的"排序"按钮，如图4-5所示。

[Step 02] ❶在打开的对话框中选中"降序"和"从左到右"单选按钮，❷单击"确定"按钮关闭对话框，如图4-6所示。

图4-5

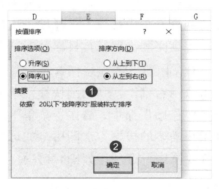

图4-6

[Step 03] 完成后即可在数据透视表中看到所有匹配程度按20岁以下降序排列，如图4-7所示。

年龄段	服装样式 流行	休闲	套装	传统
20岁以下	45.23%	39.22%	9.89%	5.65%
20-30岁	11.09%	27.05%	34.48%	27.38%
30-40岁	18.92%	18.58%	30.41%	32.09%
40-50岁	15.38%	41.47%	13.04%	30.10%
50-60岁	40.12%	34.98%	18.29%	6.61%
60岁以上	9.97%	29.90%	20.27%	39.87%

图4-7

2.按笔画排序

在默认情况下，Excel是按照汉字拼音字母顺序进行排序的，但按照国人的习惯，对姓名的排序方式一般为"按姓氏笔画排序"，即首先按照姓名的第一个字的笔画多少进行排序、笔画数相同的按照起笔顺序排序、起笔笔形也相同的按照结构（先上下、后左右、再独体）排序。为了满足国人需求，在数据透视表中也提供了按笔画排序的方式。

下面以将电器销售表中的销售额数据按照销售人员姓氏笔画排序为例，讲解其相关操作。

分析实例 **将销售额按销售人员姓氏笔画排序** ————————————————

素材文件	◎素材\Chapter 4\电器销售.xlsx
效果文件	◎效果\Chapter 4\电器销售.xlsx

Step 01 打开"电器销售"素材，❶选择A8单元格，❷单击"数据"选项卡的"排序"按钮，如图4-8所示。

Step 02 ❶在打开的对话框中选中"升序排序（A到Z）依据（A）"单选按钮，❷单击"其他选项"按钮，如图4-9所示。

图4-8

图4-9

Step 03 ❶在打开的对话框中取消选中"每次更新报表时自动排序"复选框，❷选中"笔画排序"单选按钮，如图4-10所示。

Step 04 依次单击"确定"按钮，完成后即可在返回的数据透视表中查看其效果，如图4-11所示。

图4-10   图4-11

3.自定义排序

在Excel中，如果需要调整数据透视表大量的字段项，或者按照一些特殊的因素排列等，那么使用前面的几种方法有时则不是那么好用。这时，自定义排序则比较实用。

使用自定义排序，首先需要创建符合实际需要的排序列表，即按照某种自定义内容顺序预先制定好，存入Excel中，然后再对数据透视表按照该顺序进行排序。

下面以将"工厂员工工资表"工作簿的"工资核实"工作表中的数据透视表按职位从高到低排序为例，讲解其相关操作。

分析实例 将工厂员工工资按职位高低进行排序

素材文件	◎素材\Chapter 4\工厂员工工资.xlsx
效果文件	◎效果\Chapter 4\工厂员工工资.xlsx

Step 01 打开"工厂员工工资"素材，切换到"工资核实"工作表，单击"文件"选项卡，单击"选项"按钮，如图4-12所示。

Step 02 ❶在打开的"Excel 选项"对话框中单击"高级"选项卡，❷单击"常规"栏中的"编辑自定义列表"按钮，如图4-13所示。

图4-12　　　　　　　　　　　　　　　图4-13

Step 03 ❶在打开的"自定义序列"对话框的"输入序列"列表框中输入序列，❷单击"添加"按钮，❸依次单击"确定"按钮，如图4-14所示。

Step 04 ❶在返回的数据透视表中选择任意"职务"字段的单元格，❷单击鼠标右键，在弹出的快捷菜单中选择"排序"命令，在其子菜单中选择"其他排序选项"命令，如图4-15所示。

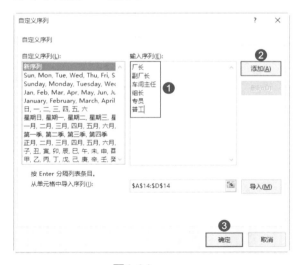

图4-14　　　　　　　　　　　　　　　图4-15

Step 05 ❶在打开的"排序（职务）"对话框中选中"升序排列（A到Z）依据（A）"单选按钮，❷单击"其他选项"按钮，如图4-16所示。

Step 06 ❶在"其他排序选项（职务）"对话框中取消选中"每次更新报表时自动排序"复选框，❷在"主关键字排序次序"下拉列表框中选择自定义的排序方式，即选择"厂长,副厂长,车间主任,组长,专员,普工"选项，如图4-17所示。

图4-16

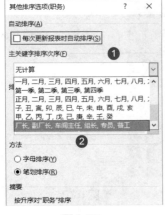

图4-17

Step 07 依次单击"确定"按钮关闭对话框，即可查看自定义排序效果，如图4-18所示。

	A	B	C	D
3	职务 ▼	员工姓名 ▼	实发工资	总工资占比
4	⊟厂长		5,178.48	11.57%
5		李丹	5,178.48	11.57%
6	⊟副厂长		3,994.00	8.92%
7		杨陶	3,994.00	8.92%
8	⊟车间主任		10,995.22	24.57%
9		刘小明	5,677.06	12.69%
10		马英	5,318.16	11.88%
11	⊟组长		3,288.00	7.35%
12		张嘉	3,288.00	7.35%
13	⊞专员		17,740.00	39.64%
14	⊞普工		3,556.00	7.95%

图4-18

4.1.4
通过字段筛选器对标签排序

在数据透视表中，对于一些带有标签的字段，还可以通过其下拉列表的筛选器进行排序。

下面以将"工资明细"工作簿的"账单"工作表"员工姓名"字段标签按升序排列为例，讲解其相关操作。

分析实例 **将"员工姓名"字段标签按升序排列**

素材文件	◎素材\Chapter 4\工资明细.xlsx
效果文件	◎效果\Chapter 4\工资明细.xlsx

Step 01 打开"工资明细"素材，切换到"账单"工作表，单击"员工姓名"右侧

下拉按钮，如图4-19所示。

Step 02 在打开的筛选器中选择"升序"选项，即可完成对该字段进行升序排列，如图4-20所示。

	A	B	C	D
2				
3	员工姓名	实发工资	提成工资	基本工资
4	祝苗	1,778.00	930.00	1,600.00
5	周晓红	3,728.00	2,480.00	2,000.00
6	周纳	1,778.00	930.00	1,600.00
7	张炜	3,458.00	2,320.00	2,000.00
8	张嘉	3,288.00	2,240.00	1,600.00
9	杨陶	3,994.00	1,040.00	3,500.00
10	杨娟	3,478.00	2,320.00	2,000.00
11	薛敏	3,728.00	2,480.00	2,000.00
12	马英	5,318.16	2,900.00	2,800.00
13	刘小明	5,677.06	3,100.00	2,800.00
14	李聘	3,348.00	2,320.00	2,000.00
15	李丹	5,178.48	1,400.00	4,000.00
16	总计	44,751.70	24,460.00	27,900.00

图4-19   图4-20

在本例中除了上述的方法外，用户还可以通过"数据透视表字段"窗格进行排序。只需在窗格的"选择要添加到报表的字段"栏中单击"员工姓名"字段右侧下拉按钮，在打开的筛选器面板选择"升序"选项即可，如图4-21所示。

图4-21

4.2 数据透视表的筛选

用户在使用数据透视表时，一般都会对其中数据有需求地进行分析，而不是盲目地分析所有数据。这时，就需要对数据进行筛选，将那些具有特殊意义的数据筛选出来，明确分析目标。

4.2.1
利用字段的下拉列表进行筛选

利用字段下拉列表进行筛选是比较常用的一种筛选方式，适用于数据量较小、字段比较少的情况。

❶只需直接单击字段标题或"数据透视表字段"窗格"需要添加到报表的字段"栏字段右侧下拉按钮即可直接打开，❷在打开的筛选器面板选中筛选的数据项前的复选框，❸单击"确定"按钮即可，图4-22为两种方式介绍。

 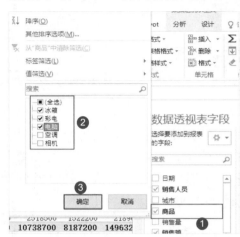

图4-22

4.2.2
利用字段的标签进行筛选

在字段较多时，通过字段下拉列表的筛选方法就不太适用，因为用户需要花费大量的时间去逐个选择要筛选的字段，非常麻烦。对于这种情况，用户可以通过标签来进行筛选。

下面以将"商品订购清单"工作簿的"商品销售分析"工作表中以字母GH开头的商品筛选出来为例，讲解其相关操作。

分析
实例 **分析以GH开头的商品订购情况**

素材文件	◎素材\Chapter 4\商品订购清单.xlsx
效果文件	◎效果\Chapter 4\商品订购清单.xlsx

 Step 01 打开"商品订购清单"素材，单击数据透视表A4单元格右侧的下拉按钮，如图4-23所示。

Step 02 ❶在打开的筛选器面板中选择"标签筛选"命令，❷在其子菜单中选择"开头是"命令，如图4-24所示。

图4-23　　　　　　　　　　　　图4-24

Step 03 ❶在"标签筛选（商品）"对话框中右侧的文本框中输入"GH"文本，❷单击"确定"按钮，如图4-25所示。

Step 04 在返回的数据透视表中即可查看，表中只有以"GH"开头的商品订购情况，如图4-26所示。

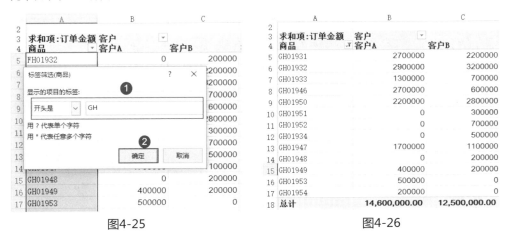

图4-25　　　　　　　　　　　　图4-26

4.2.3 利用值筛选进行筛选

除了可以对字段进行筛选外，还可以对数据透视表的值区域进行筛选，如筛选出成绩排名前20的同学、筛选出业务量超过200 000元的销售员等。

　　下面以将商品销售额统计表中订单金额总计超过2 000 000元的商品筛选出来为例，讲解其相关操作。

分析实例 查看订单金额总计超过2 000 000元的商品 _____．

素材文件	◎素材\Chapter 4\商品销售额统计.xlsx
效果文件	◎效果\Chapter 4\商品销售额统计.xlsx

Step 01 打开 "商品销售额统计" 素材，❶单击数据透视表A4单元格右侧的下拉按钮，❷选择 "值筛选" 命令，❸在其子菜单中选择 "大于或等于" 命令，如图4-27所示。

Step 02 ❶在打开的 "值筛选（商品）" 对话框右侧的文本框中输入 "2000000" 文本，❷单击 "确定" 按钮即可完成，如图4-28所示。

图4-27

图4-28

Step 03 ❶在返回的数据透视表中，即可查看订单金额总计超过2 000 000元的商品，如图4-29所示。

	A	B	C	D	E	F
2						
3	求和项:订单金额	客户				
4	商品	客户01	客户02	客户03	客户04	总计
5	GH01931	2700000	2200000	500000	0	5400000
6	GH01932	2900000	3200000	1900000	200000	8200000
7	GH01933	1300000	700000	0	0	2000000
8	GH01946	2700000	600000	0	0	3300000
9	GH01950	2200000	2800000	0	400000	5400000
10	GH01947	1700000	1100000	0	0	2800000
11	GH01949	400000	200000	1600000	0	2200000
12	总计	13,900,000.00	10,800,000.00	4,000,000.00	600,000.00	29,300,000.00
13						

商品销售分析 | 销售记录清单 | ⊕

图4-29

利用字段的搜索文本框进行筛选

如果用户需要查看某个指定项的数据，❶可以单击字段标题右侧下拉按钮，❷然后直接在筛选器面板的搜索文本框输入该项相关文本，❸单击"确定"按钮即可将该项筛选出来，如图4-30所示。

图4-30

自定义筛选

前面介绍了几种比较常用的筛选方式，但有时候这些方法并不能满足所有用户的需求，在Excel中还可以对数据透视表进行自定义筛选。

下面以在货物分组表中只查看除鞋类商品以外其他商品售卖情况为例，讲解其相关操作。

分析实例 **在报表中查看除鞋类外其他商品的售卖情况**

素材文件	◎素材\Chapter 4\货物分组.xlsx
效果文件	◎效果\Chapter 4\货物分组.xlsx

Step 01 打开"货物分组"素材，❶选择F3单元格，❷在"数据"选项卡"排序与筛选"组中单击"筛选"按钮，如图4-31所示。

Step 02 ❶单击A3单元格下拉按钮，❷在打开的筛选面板中选择"文本筛选"命令，❸选择"自定义筛选"命令，如图4-32所示。

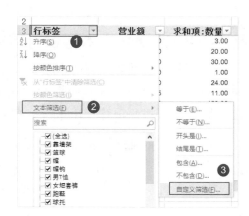

图4-31	图4-32

Step 03 ❶在打开的"自定义自动筛选方式"对话框中单击"行标签"栏文本框的下拉列表，分别选择"不包含"、"跑鞋"和"不包含"、"休闲鞋"，❷单击"确定"按钮，如图4-33所示。

Step 04 在返回的数据透视表中即可只查看除鞋类以外的其他商品的售卖情况，如图4-34所示。

图4-33

图4-34

4.3　运用切片器控制数据透视表的显示

　　除了可以使用筛选器面板的各种筛选方法对数据透视表进行筛选外，用户还可以使用切片器进行筛选。切片器是Excel 2010以后的版本中新增的一个非常实用的功能，可将其理解为一个用于选择的选取器。每一个切片器对应数据透视表中的一个字段，而每个切片器包含了字段中的项，因此使用切片器可以更灵活地对数据进行筛选。

4.3.1

在数据透视表中插入切片器

在数据透视表中插入切片器一般可以通过"数据透视表工具"选卡组和"插入"选项卡两种方法实现，具体如下。

◆ **通过"数据透视表工具"选项卡组：**❶选择数据透视表任意单元格，❷单击"数据透视表工具 分析"选项卡"筛选"组的"插入切片器"按钮；❸在打开的对话框中选中需要添加切片器的字段前的复选框，❹单击"确定"按钮即可，如图4-35所示。

图4-35

◆ **通过"插入"选项卡：**❶选择数据透视表任意单元格，❷单击"插入"选项卡"筛选器"组的"切片器"按钮，在打开的对话框中选择需要添加切片器的字段即可，如图4-36所示。

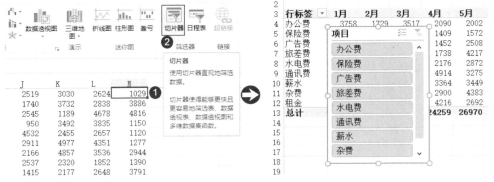

图4-36

认识切片器结构

在数据透视表中插入切片器后，下一步即可使用切片器进行数据筛选，在筛选数据之前需先认识切片器的结构。其主要包含切片器标题、筛选按钮和"清除筛选器"按钮3个部分，如图4-37所示。

图4-37

切片器的3大部分，其作用各不一样，具体如下所示。

◆ **切片器标题**：筛选项目的名称类别。

◆ **筛选按钮**：每一个项目就是一个筛选按钮，单击该按钮，即可筛选出对应的项目，同时选中的项目将会有颜色，未选中的项目则为无颜色。再次单击选中的项目即可将其从筛选器中清除。

◆ **"清除筛选器"按钮**：单击该按钮即可清除所有切片筛选器中的项目。

设置切片器的格式

默认创建的切片器，许多时候使用起来极为不便，例如字段太多不能直观显示所有字段、多个切片器相互之间会遮挡一部分等。对于这些问题，用户可以通过"切片器工具 选项"选项卡来解决。

其选项卡主要包括切片器、切片器样式、排列、按钮以及大小5个功能组，如图4-38所示。

图4-38

在这些格式设置的功能组中，用户可以设置其样式、排列和大小等，与设置图片格式方法类似。

1.多列显示切片器内的字段项

当创建的切片器字段项过多时，筛选数据的时候就必须通过滚动条来进行选择，这样极为不便。其实用户可以通过"切片器工具 选项"选项卡来调整切片器内字段项的显示行列数量，以此增加其可读性。

下面以将个人工资分析表中的切片器按每行显示3个字段项为例，讲解其操作。

分析实例 在员工姓名切片器中每行显示3个按钮 ─────────────

素材文件	◎素材\Chapter 4\个人工资分析.xlsx
效果文件	◎效果\Chapter 4\个人工资分析.xlsx

Step 01 打开"个人工资分析"素材，❶单击切片器内任意区域，❷单击"切片器工具 选项"选项卡，如图4-39所示。

Step 02 ❶在"按钮"组的"列"数值框中输入数字"3"，❷在"宽度"数值框输入"2厘米"，"高度"数值框中输入"1厘米"，调整切片器宽度和高度，使之完全显示，如图4-40所示。

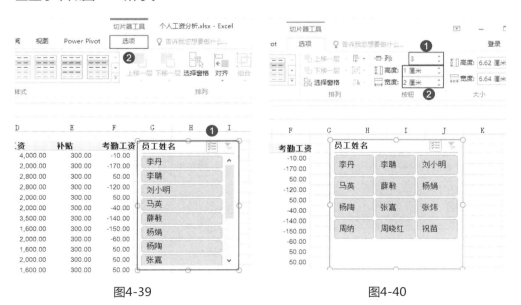

图4-39　　　　　　　　　　　　　　图4-40

2.更改切片器的大小

在添加切片器后，如果字段项过多，用户还可以更改切片器的大小使之更适用，方便查看和筛选，主要有以下两种方式。

◆ **通过拖动边框更改**：直接拖动切片器边框上方的空心圆形即可放大或缩小切片器的大小，如图4-41所示。

图4-41

◆ **通过选项卡更改**：单击切片器内任意区域，在"切片器工具 选项"选项卡"大小"组的"高度"和"宽度"数值框中输入需要设置的数值即可，如图4-42所示。

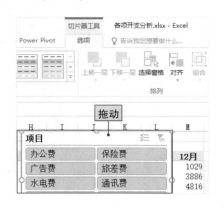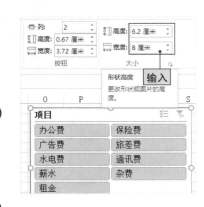

图4-42

3.切片器样式设置

数据透视表可以通过内置样式或自定义样式进行美化，当然切片器也可以。"切片器工具 选项"选项卡的"切片器样式"组中提供了14种可供用户直接使用的切片器样式，如图4-43所示。

图4-43

用户可以根据实际需要直接套用即可，其方法与前面介绍的数据透视表应用内置样式方法基本相同。

TIPS 设置切片器自定义样式

切片器也可以自定义样式，❶只需在当前样式上单击鼠标右键，❷在弹出的快捷菜单中选择"复制"命令，在打开的对话框中单击"格式"按钮，然后自定义设置其字体、填充色以及边框，完成依次单击"确定"按钮。❸然后在切片器样式库中直接套用即可，方法与自定义数据透视表样式方法类似，如图4-44所示。

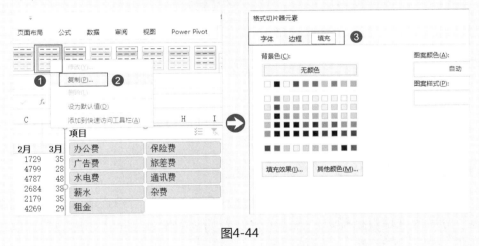

图4-44

4.3.4 使用切片器筛选数据

使用切片器既可以对单个字段进行筛序，也可以对多个字段进行筛选；既可以筛选出等于一个值的数据，也可以筛选出等于多个值的数据，其用法灵活、快捷。

1.筛选单个字段

在创建的切片器中，其默认是选择所有筛选按钮的，如果用户需要筛选某单个字段，直接单击该按钮即可完成，如图4-45所示。

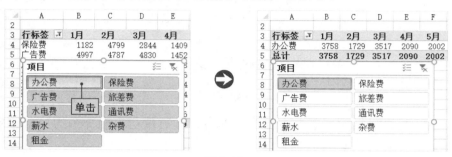

图4-45

2.筛选多个字段

如果用户筛选的字段项不只一个，只先选择其中一个字段按钮，其使用【Ctrl】和【Shift】键结合鼠标左键选择其他字段即可，这与选择多个数据的方法是相同的，如图4-46所示。

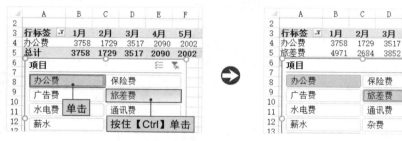

图4-46

3.同时使用多个切片器

在数据透视表中，不仅可以同时插入多个切片器，而且还可以同时使用这些切片器进行数据筛选，只需分别在各切片器中分别单击相应的筛选按钮即可，如图4-47所示。

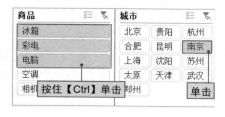

图4-47

4.3.5

共享切片器实现多个数据透视联动

在Excel中，用户可以通过在切片器内设置数据透视表连接，使切片器共享，从而实现同时对多个数据透视表进行相同的筛选操作。

下面以将"费用差异分析"工作簿"借贷方账务对比分析"工作表中的两个数据透视表连接到同一切片器为例，讲解其相关操作。

分析实例 将两个数据透视表连接到同一切片器

素材文件	◎素材\Chapter 4\费用差异分析.xlsx
效果文件	◎效果\Chapter 4\费用差异分析.xlsx

Step 01 打开"费用差异分析"素材，在"科目名称"切片器空白区域单击鼠标右键，在弹出的快捷菜单中选择"报表连接"命令，如图4-48所示。

Step 02 ❶在打开的"数据透视表连接（科目名称）"对话框中，选中"贷方"复选框，❷单击"确定"按钮，如图4-49所示。

图4-48

图4-49

Step 03 完成即可实现两个数据透视表共享该切片器，筛选切片器内的字段时，两个数据透视表同时刷新，如图4-52所示。

图4-50

4.3.6
清除切片器的筛选器

在切片器中，想要清除切片器的筛选器，主要有通过组合键清除、通过快捷菜单命令清除以及通过"清除筛选器"按钮清除3种方法。

◆ **通过组合键清除：**单击切片器任意区域，按【Alt+C】组合键即可清除。

◆ **通过快捷菜单命令清除：**在切片器任意区域上单击鼠标右键，在弹出的快捷菜单中选择对应的清除筛选器命令即可，如图4-51所示，这里选择"从'项目'中清除筛选器"命令。

图4-51

◆ **通过"清除筛选器"按钮清除：**直接单击切片器右上方的"清除筛选器"按钮即可，如图4-52所示。

图4-52

4.3.7
对切片器字段项排序

在数据透视中插入切片器后，用户还可以对切片器内的字段项进行排序，从而方便在切片器内查看和筛选字段项。

1.对切片器内的字段项进行升序和降序排列

在数据透视表中，默认插入切片器内的字段项是按升序排列的，但有些时候用户可能并不需要升序排列。对此，在切片器任意区域上单击鼠标右键，在弹出的快捷菜单中选择"降序"命令即可使切片器内字段降序排列。反之亦然，如图4-53所示。

图4-53

2.对切片器内字段自定义排序

除了可以升序和降序排列外，用户还可以进行切片器自定义排序，其方法与本章4.1.4介绍的数据透视表的自定义排序基本相同。在数据透视表中添加自定义排序，然后在切片器任意区域单击鼠标右键，在弹出的快捷菜单中选择"升序"命令即可对切片器内的字段进行自定义排序，如图4-54所示。

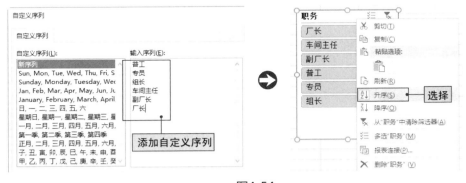

图4-54

4.3.8

隐藏或删除切片器

用户在进行数据分析筛选完成后，可能就不会用到切片器了，这时就需要对切片器进行隐藏或删除。

1.隐藏切片器

当用户暂时不会使用切片器时，就可以将其隐藏，待需要时再调出即可。❶隐藏切片器只需单击切片器空白区域，在"切片器工具 选项"选项卡"切片器"组中单击"报表连接"按钮，❷在打开的"数据透视表连接"对话框中取消选中对应数据透视表的复选框，❸单击"确定"按钮即可，如图4-55所示。

图4-55

2.删除切片器

完成数据筛选后，不再使用切片器时，就可以删除切片器，主要有以下两种方法。

◆ **通过快捷键删除**：选择切片器后，直接按【Delete】键即可删除。

◆ **通过快捷菜单命令删除**：在切片器任意区域单击鼠标右键，在弹出的快捷菜单中选择对应名称的切片删除命令即可，如图4-56所示，这里选择"删除'职务'"命令。

图4-56

对数据透视表的
项目进行自由组合

　　虽然数据透视表提供了强大的分类汇总功能，但由于数据分析需求的多样性，使得这些功能可能并不能够满足用户的所有需求。因此，数据透视表还提供了非常实用的项目组合功能，可以灵活、便捷地对报表中的数据进行处理。

学习建议与计划

第8天

根据实际情况使用不同的分组方式

少量或部分数据手动分组
大量有规律数据自动分组
如何取消设置的组合

借助函数对数据透视表进行分组

根据自身的特点进行分组
按不等距步长组合数据项

5.1 根据实际情况使用不同的分组方式

在不同的数据透视表中，有的数据量比较大、结构比较复杂，使用手动分组的话，花费的时间可能很多，还容易出现错误；而有的数据量比较少、结构比较简单，使用自动分组则可能不能达到实际需要。因此，在进行数据分组时，需要根据实际情况使用不同的分组方式。

5.1.1 少量或部分数据手动分组

总体来说，对于数据量比较少或想要将相邻的一些数据分组时，如果这些数据在源数据中没有对应的分组项目，一般可以采用手动分组的方式为这些数据分组。

下面以将运费统计分析表中的城市按地理位置东北（辽宁）、华北（天津、石家庄、长治）、华中（宜昌）和华东（济南、徐州、烟台、舟山）4个地区进行分组为例，讲解其相关操作。

分析实例 将报表中的各个城市按地理位置分组

素材文件	◎素材\Chapter 5\运费统计.xlsx
效果文件	◎效果\Chapter 5\运费统计.xlsx

Step 01 打开"运费统计"素材，❶将鼠标光标移至对应的单元格右侧，❷当鼠标指针变为四向箭头时拖动数据，使天津、石家庄和长治排列在一起，如图5-1所示。

Step 02 ❶选择天津、石家庄以及长治数据项，❷单击"数据透视表工具 分析"选项卡"分组"组的"组选择"按钮，如图5-2所示。

图5-1

图5-2

Step 03 ❶选择A4单元格，❷在编辑栏输入"华北"文本，如图5-3所示。

Step 04 ❶选择A3单元格，❷在编辑栏输入"地区"文本，如图5-4所示。

图5-3

图5-4

Step 05 ❶选择A31单元格，❷在编辑栏输入"华中"文本，如图5-5所示。

Step 06 ❶选择A21单元格，❷在编辑栏输入"东北"文本，如图5-6所示。

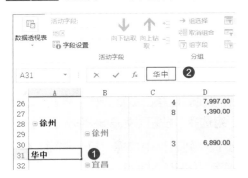

图5-5

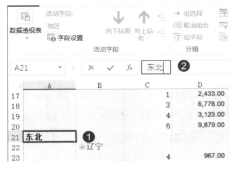

图5-6

Step 07 ❶使用同样的方法将济南、徐州、烟台和舟山组合在一起，❷选择A15单元格，❸在编辑栏输入文本"华东"，即可完成分组，如图5-7所示。

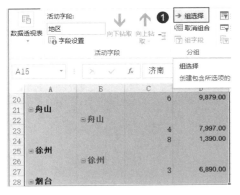

图5-7

5.1.2
大量有规律数据自动分组

如果数据透视表中的数据量比较大且字段有一定的规律，则使用自动分组往往比手动分组更便捷。

1.以"日"为单位组合日期数据

在许多的数据表中都会存在日期数据，在数据分析中很多时候都需要将日期时间数据进行分组。如果日期数据是按日、周记录的，则用户可以"日"为单位将其进行分组。

下面以将销售记录表中的销售日期记录以"周"为单位进行分组为例，讲解其相关操作。

分析
实例 **将销售记录以"周"为单位分组**

素材文件	◎素材\Chapter 5\销售记录.xlsx
效果文件	◎效果\Chapter 5\销售记录.xlsx

Step 01 打开"销售记录"素材，❶选择数据透视表任意日期单元格，❷在"数据透视表工具 分析"选项卡"分组"组中单击"组选择"按钮，如图5-8所示。

Step 02 ❶在打开的"组合"对话框中的"步长"列表框中选择"日"选项，❷在"天数"文本框中输入数字"7"，❸单击"确定"按钮，如图5-9所示。

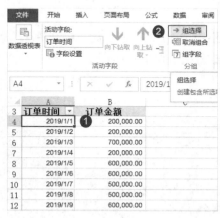

图5-8

图5-9

2.以"月"为单位分组

除了以"日"为单位分组外，许多时候都是以"月"为单位进行数据分析的，例如员工每月工资、本月生产量等。

下面以将生产分析统计表中的生产量以"月"为单位进行分组为例，讲解其相关操作。

分析实例　以"月"为单位分析各员工的生产量 ━━━━━━━━━━━━━━━

素材文件	◎素材\Chapter 5\生产分析.xlsx
效果文件	◎效果\Chapter 5\生产分析.xlsx

Step 01 打开"生产分析"素材，❶选择数据透视表任意日期单元格，❷在"数据透视表工具 分析"选项卡的"分组"组单击"组选择"按钮，如图5-10所示。

Step 02 ❶在"组合"对话框的"步长"列表框中选择"月"选项，❷单击"确定"按钮即可完成分组，如图5-11所示。

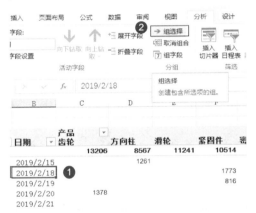

图5-10

图5-11

Step 03 完成后即可在返回的数据透视表中查看各个员工各月的生产量，如图5-12所示。

		产品						
求和项:件数		产品						
姓名	日期	齿轮	方向柱	滑轮	紧固件	密封件	总计	
⊟王晓		13206	8567	11241	10514	11061	54589	
	2月	3083	5787		3956	1410	14236	
	3月	5801	991	10041	2832	7299	26964	
	4月	4322	1789	1200	3726	2352	13389	
⊟成莉		9080	12363	16906	9555	4137	52041	
	2月		4330	4271	2366	2884	13851	
	3月	9080	4720	7952	5760	1253	28765	
	4月		3313	4683	1429		9425	
⊟张天		6294	7386	4078	14760	11454	43972	
	2月	3394	3018	1161	5997		13570	
	3月	2900	4368	2917	8763	10352	29300	
	4月					1102	1102	
总计		28580	28316	32225	34829	26652	150602	

图5-12

TIPS *自动分组的其他形式* 🔍

除了以"日""月"为单位进行分组外，还可以"年""季度""时""分"以及"秒"为单位进行分组，其方法与前面介绍的基本相同。

3.以数据等步长分组

除了以日期为单位进行分组，对于那些数值数据进行分组的时候，也可以按照相同的步长进行分组，比如每10厘米身高的员工分作一组等。

下面以在销售额分析表中以1000步长为单位统计各区间销售额销售次数和总销售额为例，讲解其相关操作。

分析实例 以1000步长为单位统计各区间销售额销售次数和总销售额 ————————

素材文件	◎素材\Chapter 5\销售额分析.xlsx
效果文件	◎效果\Chapter 5\销售额分析.xlsx

Step 01 打开"销售额分析"素材，❶选择行标签列任意单元格，❷单击鼠标右键，在弹出的快捷菜单中选择"创建组"命令，如图5-13所示。

Step 02 ❶在打开对话框的"起始于"文本框中输入数字"0"，❷在"步长"文本框中输入数字"1000"，❸单击"确定"按钮，如图5-14所示。

图5-13

图5-14

Step 03 在返回的数据透视表中即可查看以1000步长为单位统计各区间销售额销售次数和总销售额的结果，如图5-15所示。

	A	B	C	D	E
2					
3	行标签 ▼	次数	总销售额	求和项:序号	
4	0-1000	44	27160.27	4621	
5	1000-2000	58	81339.3	7512	
6	2000-3000	33	79423.9	3211	
7	3000-4000	19	64877	2370	
8	4000-5000	31	136359	3974	
9	5000-6000	22	117719.7	3103	
10	6000-7000	4	25115	327	
11	7000-8000	1	7050	101	
12	8000-9000	4	33420	615	
13	9000-10000	2	19185	423	
14	11000-12000	3	34640	171	

图5-15

如何取消设置的组合

在对数据进行组合之后，如果需要查看具体的数据信息，用户还可以将组合项目重新拆分开来。可以分为取消手动组合的项目和取消自动组合的项目，下面分别进行介绍。

1.取消手动组合的数据项

对于手动组合的数据项目，一般有两种不同的形式，即取消部分组合项目和取消全部组合项目。

◆ 取消部分组合项：❶选择需要取消组合的数据项上，❷在"数据透视表工具分析"选项卡"分组"组中单击"取消组合"按钮，即可取消该数据项的组合，如图5-16所示。

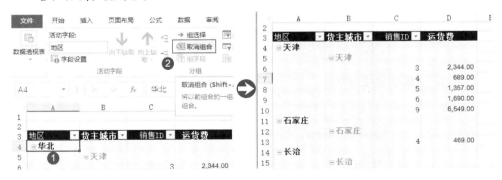

图5-16

◆ 取消全部组合项：如果需要取消全部手动组合项，❶只需选择组合项列标签，❷在"数据透视表工具 分析"选项卡"分组"组中单击"取消组合"按钮，就可以取消所有的手动组合项，如图5-17所示。

图5-17

除了通过单击"分组"组中的"取消组合"按钮取消分组外，❶用户还可以在需要取消组合的数据项上或组合项列标签上单击鼠标右键，❷在弹出的快捷菜单中选择"取消组合"命令，也可取消部分或所有手动组合项，如图5-18所示。

图5-18

2.取消自动组合的数据项

而对于取消自动分组的项目，则主要有通过快捷键取消、通过功能区按钮取消以及通过快捷菜单取消3种方法。

◆ **通过快捷键取消**：选择任意组合项目单元格，按【Shift+Alt+←】组合键即可取消项目的组合。

◆ **通过功能区按钮取消**：❶选择组合项目中任意单元格，❷在"数据透视表工具分析"选项卡"分组"组中单击"取消组合"按钮即可，如图5-19所示。

图5-19

◆ 通过快捷键菜单取消：❶在组合项目任意单元格上单击鼠标右键，❷在弹出的
快捷菜单中选择"取消组合"命令即可，如图5-20所示。

图5-20

5.2 借助函数对数据透视表进行分组

在一些时候，使用分组功能对数据透视表中的数据项进行分组，存在较
多的限制，并不能满足用户的所有需求。而函数功能是Excel最为核心的功能
之一，用户可以借助函数对数据透视表进行不同分组求。

5.2.1
根据自身的特点进行分组

在利用公式和函数对数据分组时，许多时候都是按照数据自身的特点来进行的，如文本数据包含特定的字符、数值型数据在特定范围内等。

下面以将商品经营统计表中的鞋类商品分为"专营"类，其他商品分为"兼营"类为例，讲解其操作。

分析实例 分类统计店内专营商品和兼营商品

素材文件	◎素材\Chapter 5\商品经营统计.xlsx
效果文件	◎效果\Chapter 5\商品经营统计.xlsx

Step 01 打开"商品经营统计"素材，❶切换至"销售"工作表，单击J1单元格，❷在编辑栏输入"种类"文本，按【Enter】键，如图5-21所示。

Step 02 ❶选择J2单元格，❷根据货品名称输入获取种类的公式，❸按【Ctrl+Enter】组合键计算结果，如图5-22所示。

图5-21   图5-22

Step 03 ❶切换至"Sheet1"工作表，选择数据透视表任意单元格，❷单击鼠标右键，在弹出的快捷菜单中选择"刷新"命令，如图5-23所示。

Step 04 在"数据透视表字段"窗格中新出现的"种类"字段拖动到行标签区域第一的位置，如图5-24所示。

图5-23   图5-24

Step 05 在数据透视表中手动将"专营"数据项拖动到"兼营"数据项前即可，如图5-25所示。

	A	B	C	D	E
2					
3	行标签　　▼	求和项:单号	求和项:数量	求和项:单价	求和项: 折扣
4	⊟专营──┌拖动┐				
5	休闲鞋	49700	233	1840	104
6	运动鞋	37597	400	766	72.5
7	⊟兼营				
8	毛衣	4025	50	90	9
9	男T恤	4251	24	70	8.5
10	女短套裤	4184	11	45	9.5
11	墙架	4195	3	20	9.5
12	球托	4195	1	9	9.5
13	袜钩	4195	1	6	9.5
14	围巾	4174	30	65	9
15	围巾钩	4195	1	18	9.5
16	新挂衣钩	4195	6	12	9.5
17	衣杆	8390	9	28	19
18	运动裤	4184	51	66	8.5
19	足球	4323	20	60	8.5
20	总计	141803	840	3095	296
21					

Sheet1　销售　⊕

图5-25

5.2.2
按不等距步长组合数据项

在数据透视表中对于那些不等距步长的数值型进行分组时，往往需要利用手动分组来实现。但如果数据量过大，在进行分组时则比较烦琐。对此，用户可以通过在数据源中添加辅助列的方式来解决这类问题。

下面以分析5月商品订购统计表中当月上、中以及下旬的订购情况为例，讲解其操作。

分析实例｜统计5月上、中以及下旬的商品订购情况

素材文件	◎素材\Chapter 5\5月商品订购统计.xlsx
效果文件	◎效果\Chapter 5\5月商品订购统计.xlsx

Step 01 打开"5月商品订购统计"素材，选择J1单元格，并输入"旬"文本，如图5-26所示。

Step 02 ❶选择J2单元格，❷在编辑栏输入公式"=IF(DAY(A2)<11,"上旬",IF(DAY(A2)<21,"中旬","下旬"))"，按【Enter】键，❸填充该列其他数据项，如图5-27所示。

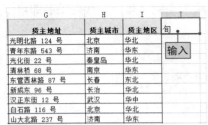

图5-26

图5-27

Step 03 以表格A1:J22单元格区域为数据源创建数据透视表，并进行布局即可，如图5-28所示。

图5-28

在数据透视表中可以进行哪些计算

很多时候，在完成数据透视表的制作后，用户还希望能将表中的内容进一步运算以得到更多的信息。虽然通过创建辅助列也可实现，但有些用户可能对一些函数不太熟悉，会比较麻烦。而使用数据透视表中的添加字段功能，则可轻松解决这些问题。

学习建议与计划

6.1　更改数据透视表的汇总方式

　　在默认状态下，数据透视表对值区域中的数值字段使用求和方式汇总，而对非数值字段则使用计数方式汇总。但这并不是一成不变的，用户可以根据实际情况更改报表的汇总方式。

6.1.1
更改汇总依据

　　事实上，除了"求和"和"计数"两种汇总方式外，数据透视表还提供了多种汇总方式，如"平均值""最大值""最小值"以及"乘积"等。❶只需右击数据透视表值区域任意单元格，❷在弹出的快捷菜单中选择"值汇总依据"命令，❸选择"其他选项"命令，❹在打开对话框的"值汇总方式"选项卡的"计算类型"列表框中即可查看，如图6-1所示。

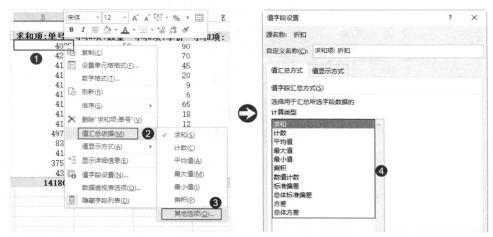

图6-1

　　在进行数据分析时，用户可以根据实际需求更改字段的汇总方式，主要有以下3种方法。

　　◆ **通过"数据透视表字段"窗格更改**：❶在"数据透视表字段"窗格的值区域单击需要更改汇总方式的字段，❷在弹出的下拉菜单中选择"值字段设置"命令，❸在打开的对话框中单击"值汇总方式"选项卡，❹在"计算类型"列表框中选择要更改的汇总方式（这里选择"最小值"汇总方式），❺单击"确定"按钮即可，如图6-2所示。

图6-2

◆ **通过快捷菜单命令更改**：❶在数据透视表值区域需要更改汇总方式的单元格上单击鼠标右键，❷在弹出的快捷菜单中选择"值汇总依据"命令，❸在其子菜单中选择一种汇总方式即可，如图6-3所示。

图6-3

◆ **通过双击字段标题更改**：在数据透视表中双击值字段标题，即可打开"值字段设置"对话框，在对话框中的"值汇总方式"选项卡下的"计算类型"列表框中选择一种值字段汇总方式即可。

6.1.2
对同一字段使用多种汇总方式

　　用户除了可以更改汇总方式外，还可以对数值区域中的同一字段同时使用多种汇总方式，从而在这一个字段中得到多个不同的分析指标。

下面以分析微波炉销售明细表中销售单价的平均值、最大值和最小值为例，讲解其操作。

分析实例 **分析微波炉销售单价的平均值、最大值以及最小值**

素材文件	◎素材\Chapter 6\微波炉销售明细.xlsx
效果文件	◎效果\Chapter 6\微波炉销售明细.xlsx

Step 01 打开"微波炉销售明细"素材，❶在"数据分析"工作表的"数据透视表字段"窗格中，将"规格型号"字段拖到行区域，❷连续将"销售单价"字段拖到3次到值区域，如图6-4所示。

Step 02 ❶单击值区域"求和项：销售单价"字段，❷在弹出的下拉菜单中选择"值字段设置"命令，如图6-5所示。

图6-4　　　　　　　　　　　　　　　　　图6-5

Step 03 ❶在"值字段设置"对话框的"计算类型"列表框中选择"平均值"选项，❷在"自定义名称"文本框中输入"平均单价"文本，❸单击"确定"按钮，如图6-6所示。

Step 04 运用同样的方法，在窗格的值区域单击"求和项：销售单价2"字段，选择"值字段设置"命令，❶在打开对话框的"计算类型"列表框中选择"最大值"选项，❷在"自定义名称"文本框中输入"最大单价"文本，❸单击"确定"按钮，如图6-7所示。

图6-6

图6-7

Step 05 在窗格的值区域单击"求和项：销售单价3"字段，选择"值字段设置"命令，❶在打开对话框的"计算类型"列表框中选择"最小值"选项，❷在"自定义名称"文本框中输入"最小单价"文本，❸单击"确定"按钮，如图6-8所示。

Step 06 完成后，即可在返回的数据透视表中查看微波炉各个型号商品单价的平均单价、最大单价以及最小单价，如图6-9所示。

图6-8

	A	B	C
2			
3	**行标签** ▾	**平均单价**	**最大单价**
4	MD广州小微波炉BCD-112CM闪白银	1050	1050
5	MD合肥大微波炉BCD-170QM闪白银	1162.5	1250
6	MD合肥大微波炉BCD-210TGSM水墨红	2001.666667	2144
7	MD合肥大微波炉BCD-213FTM闪白银	1743.4	1751
8	MD合肥大微波炉BCD-220UM银白拉丝	2252	2252
9	MD合肥大微波炉BCD-228UTM银白拉丝	2932	2932
10	MD合肥大微波炉BCD-253UTM银白拉丝	3500	3500
11	MD)冷柜BC/BD-199VMN白色	1228.75	1229
12	MD)冷柜BC/BD-297UMN白色	1574	1574
13	MD)冷柜BCD-179DKMN白色	1220	1229
14	MD)冷柜BCD-251VMN白色	1378	1378
15	MD)冷柜BCD271VSM白色精彩下乡	1285.666667	1302
16	MD微波炉BCD-178GSSMN朱砂红绸绣	2042.357143	2049
17	MD微波炉BCD-195GMN魅力红芙蓉	1811	1843
18	MD微波炉BCD-195GMN月光银芙蓉	1801.75	1843
19	MD微波炉BCD-196GSMN银杏白紫荆	1881.5	1910
20	MD微波炉BCD-198GSMN樱桃红繁花	2152.666667	2160
21	MD微波炉BCD-205CMN白色闪白银	1704.5	1713
22	MD微波炉BCD-205GMN月光银芙蓉	1872	1872
23	MD微波炉BCD-206GSMN银杏白紫荆	1931.75	1937
24	MD微波炉BCD-208GSMN樱桃红繁花	2089.875	2096
25	MD微波炉BCD-211TMN闪白银	1729.375	1732
26	MD微波炉BCD-216TGMN水墨红	2143.888889	2151
27	MD微波炉BCD-555WKMMD白	4002	4002
28	晒冰柜BCD-205VMN	1138.181818	1150
29	**总计**	1769.105634	4002

图6-9

6.2 相同的数据，不一样的结果

默认情况下，在数据透视表的值区域的值显示方式为"无计算"，此时可以对数据求和或计数。但在数据分析时往往需要更多的显示方式，从而得到更多的分析指数。例如，以百分比的形式来表示业务数据的差异情况。

通过值显示方式的设置，可以计算数据在整行、整列或者整个值区域的百分比，也可以计算与某个标准值之间的差异，还可以将同一列数据从头开始累加等，具体的值显示方式及其作用如表6-1所示。

表6-1

值显示方式	作用
无计算	值的默认显示方式，不进行任何计算，显示原始汇总数据
总计的百分比	将数据透视表中所有数据的总和显示为100%，然后将每一项数据显示为占总和的百分比
列汇总的百分比	将数据透视表中每一列数据的总和显示为100%，该列内其他数据显示为占总和的百分比
行汇总的百分比	将数据透视表中每一行数据的总和显示为100%，该行内其他数据显示为占总和的百分比
百分比	显示的值为"基本字段"中"基本项"值的百分比
父行汇总的百分比	显示的值为每个数据项占该行父级项总和的百分比
父列汇总的百分比	显示的值为每个数据项占该列父级项总和的百分比
父级汇总的百分比	数据区域字段分别显示为每个数据项占该行和列父级项总的百分比
差异	显示的值为与"基本字段"中"基本项"值的差值
差异百分比	显示的值为与"基本字段"中"基本项"值的百分比差值
按某一字段汇总	显示的值为当前字段包含该字段及之前字段的值汇总
按某一字段汇总的百分比	显示为当前字段及之前字段的值汇总占字段汇总的百分比
升序排列	显示值在整个字段中按照升序排序的位次
降序排列	显示值在整个字段中按照降序排序的位次
指数	计算公式：（（单元格中值）×（总计））/（（行总计）×（列总计））

6.2.1

总计的百分比

在报表中，如果需要分析某个数据占总和的百分比，就可以直接使用"总计的百分比"值显示方式。这种值显示方式常用于贡献、重要性等分析，如分析某个销售员销售业绩占公司总销售额的百分比、某种型号产品的销量占该类产品总销量的百分比等。

下面以分析"销售额统计"工作簿的"销售分析"工作表中各个员工销售额占总公司总销售额的比重为例，讲解其相关操作。

分析实例 **分析员工销售额在公司总销售额中的占比情况**

| 素材文件 | ◎素材\Chapter 6\销售额统计.xlsx |
| 效果文件 | ◎效果\Chapter 6\销售额统计.xlsx |

Step 01 打开"销售额统计"素材，❶在值区域任意单元格上单击鼠标右键，❷在弹出的快捷菜单中选择"值字段设置"命令，如图6-10所示。

Step 02 ❶在打开的"值字段设置"对话框中单击"值显示方式"选项卡，❷在"值显示方式"下拉列表框中选择"总计的百分比"选项，如图6-11所示。

图6-10

图6-11

Step 03 单击"确定"按钮，即可在返回的数据透视表中查看各个员工在总销售额中所占的比重，如图6-12所示。

4	行标签	冰箱	彩电	电脑	空调	相机	总计
5	王宇	1.84%	0.79%	0.78%	2.96%	0.33%	6.69%
6	周州	5.17%	4.54%	4.55%	6.99%	3.74%	25.00%
7	刘天	2.36%	1.13%	1.36%	1.90%	0.42%	7.17%
8	方芳	4.07%	3.13%	3.58%	4.77%	2.24%	17.78%
9	王泉	3.96%	4.06%	0.88%	3.41%	1.49%	13.80%
10	刘金	2.66%	1.62%	1.23%	3.71%	1.04%	10.27%

图6-12

6.2.2

行/列汇总的百分比分析

在报表中，使用"行汇总的百分比"和"列汇总的百分比"，即可得到数据在该行或该列所占的比重。

下面以分析各个商品销售额统计明细表中各销售员的各个商品的销售额占比为例，讲解其操作。

分析实例 分析销售员各个商品销售额的占比情况

素材文件	◎素材\Chapter 6\各个商品销售额统计明细.xlsx
效果文件	◎效果\Chapter 6\各个商品销售额统计明细.xlsx

Step 01 打开"各个商品销售额统计明细"素材，❶在值区域任意单元格上单击鼠标右键，❷在弹出的快捷菜单中选择"值显示方式"命令，❸在其子菜单中选择"行汇总的百分比"命令，如图6-13所示。

Step 02 在数据透视表中即可查看各销售员各个商品的占比情况，如图6-14所示。

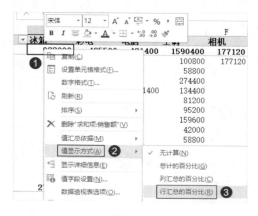

图6-13

行标签	冰箱	彩电	电脑	空调	相机
⊟王宇	27.43%	11.81%	11.70%	44.15%	4.92%
北京	28.52%	32.89%	0.00%	14.00%	24.59%
贵阳	0.00%	0.00%	0.00%	100.00%	0.00%
杭州	18.53%	0.00%	0.00%	81.47%	0.00%
合肥	17.39%	0.00%	62.63%	19.98%	0.00%
昆明	0.00%	49.78%	0.00%	50.22%	0.00%
南京	63.61%	0.00%	0.00%	36.39%	0.00%
上海	22.58%	11.41%	0.00%	66.00%	0.00%
沈阳	55.50%	22.09%	0.00%	22.41%	0.00%
苏州	0.00%	0.00%	0.00%	100.00%	0.00%
太原	31.00%	0.00%	0.00%	69.00%	0.00%
天津	18.59%	0.00%	0.00%	81.41%	0.00%
武汉	50.69%	0.00%	0.00%	49.31%	0.00%
郑州	0.00%	100.00%	0.00%	0.00%	0.00%
⊟周州	20.66%	18.18%	18.22%	27.96%	14.98%
北京	29.92%	17.95%	37.00%	15.13%	0.00%
贵阳	0.00%	24.69%	0.00%	48.48%	26.83%

图6-14

6.2.3

百分比、父级汇总的百分比、父列/行汇总的百分比

百分比、父级汇总的百分比和父行/列汇总的百分比是比较抽象的几种值显示方式，很容易使人混淆，下面进行详细介绍。

1.百分比

百分比显示方式是将某一行或者列数据作为基准计算百分比的显示方

式。通过该显示方式对某一固定基本字段的基本项的对比，可以得到完成率报表。

如图6-15所示，以销售员"王宇"的销量额为标准，将销售额字段设置为"百分比"值显示方式，即可得到以该标准对其他销售的业绩进行分析的结果。对于这类值显示方式的使用，一般都会以一个具有特殊意思或固定值作为标准，例如销售额平均值、行业销售标准等。其使用方法与前面的值显示方式类似。

	A	B	C	D	E	F	G
2							
3	求和项:销售额	列标签 ▾					
4	行标签 ▾	冰箱	彩电	电脑	空调	相机	总计
5	王宇	100.00%	100.00%	100.00%	100.00%	100.00%	100.00%
6	周州	281.32%	574.59%	581.63%	236.44%	1137.50%	373.37%
7	刘天	128.42%	143.24%	173.47%	64.44%	127.08%	107.13%
8	方芳	221.58%	395.68%	457.14%	161.27%	679.17%	265.57%
9	王泉	215.79%	513.51%	112.24%	115.49%	452.08%	206.18%
10	刘金	145.00%	204.86%	157.14%	125.53%	316.67%	153.34%
11	王敏	230.53%	591.89%	361.22%	137.68%	1056.25%	288.10%
12	总计						

图6-15

2.父级汇总的百分比

在数据透视表中，如果想要得到在同组数据中某个数据项在该组所有数据项的汇总结果的百分比，就可以直接使用"父级汇总的百分比"值显示方式。需要注意的是，使用这种值显示方式需先对数据透视表中行字段或列字段进行分组，否则不能得到想要的数据结果。

如图6-16所示，在对销售员的销售额以"月"为单位进行分组统计后，再使用"父级汇总的百分比"值显示方式，即可得到各销售员每月各商品占近3个月总额的百分比。

	A	B	C	D	E	F	G
2							
3	求和项:销售额	列标签 ▾					
4	行标签 ▾	冰箱	彩电	电脑	空调	相机	总计
5	⊟王宇	100.00%	100.00%	100.00%	100.00%	100.00%	100.00%
6	3月	25.00%	9.19%	0.00%	11.44%	0.00%	12.99%
7	4月	17.89%	67.03%	100.00%	48.24%	0.00%	45.82%
8	5月	57.11%	23.78%	0.00%	40.32%	100.00%	41.19%
9	⊟周州	100.00%	100.00%	100.00%	100.00%	100.00%	100.00%
10	3月	11.04%	21.83%	30.53%	16.83%	42.67%	22.91%
11	4月	67.26%	49.95%	35.79%	42.07%	39.19%	47.13%
12	5月	21.70%	28.22%	33.68%	41.10%	18.13%	29.96%
13	⊟刘天	100.00%	100.00%	100.00%	100.00%	100.00%	100.00%
14	3月	39.14%	29.81%	56.47%	17.76%	0.00%	32.99%
15	4月	38.52%	37.36%	43.53%	40.16%	39.34%	39.77%
16	5月	22.34%	32.83%	0.00%	42.08%	60.66%	27.24%
17	⊟方芳	100.00%	100.00%	100.00%	100.00%	100.00%	100.00%

图6-16

3.父行/列汇总的百分比

如果已对数据透视表中的数据使用了“父级汇总的百分比”值显示方式，但用户还需要在分类汇总中显示汇总结果占总汇总结果的百分比，只需使用“父级行汇总的百分比”或“父级列汇总的百分比”值显示方式即可。

如图6-17所示，在已有销售员各月各种商品销售额的基础上，使用“父行汇总的百分比”值显示方式，即可同时得到每月各销售员销售某种商品占其3个月销售的该种商品总销售额的百分比和该销售员销售该种商品的总销售额占所有销售员销售该种商品总销售额的百分比。

	A	B	C	D	E	F	G
2							
3	求和项:销售额	列标签					
4	行标签	冰箱	彩电	电脑	空调	相机	总计
5	⊟王宇	**7.56%**	**3.96%**	**5.15%**	**10.63%**	**2.58%**	**6.69%**
6	3月	25.00%	9.19%	0.00%	11.44%	0.00%	12.99%
7	4月	17.89%	67.03%	100.00%	48.24%	0.00%	45.82%
8	5月	57.11%	23.78%	0.00%	40.32%	100.00%	41.19%
9	⊟周州	**21.27%**	**22.77%**	**29.94%**	**25.13%**	**29.40%**	**25.00%**
10	3月	11.04%	21.83%	30.53%	16.83%	42.67%	22.91%
11	4月	67.26%	49.95%	35.79%	42.07%	39.19%	47.13%
12	5月	21.70%	28.22%	33.68%	41.10%	18.13%	29.96%
13	⊟刘天	**9.71%**	**5.68%**	**8.93%**	**6.85%**	**3.28%**	**7.17%**
14	3月	39.14%	29.81%	56.47%	17.76%	0.00%	32.99%
15	4月	38.52%	37.36%	43.53%	40.16%	39.34%	39.77%
16	5月	22.34%	32.83%	0.00%	42.08%	60.66%	27.24%
17	⊟方芳	**16.75%**	**15.68%**	**23.53%**	**17.14%**	**17.56%**	**17.78%**

图6-17

TIPS 父行/列汇总的百分比

与“父级汇总的百分比”值显示方式一样，需要在包含分组的数据透视表中使用。如果没有分组，则体现不出该值显示方式的特殊性，且结果与其他汇总方式相似，如“列汇总的百分比”“行汇总的百分比”等。

6.2.4

差异分析

在进行数据分析时，经常需要进行差异分析，就是分析其他行与某行或某列数据之间的差值，例如分析公司计划支出与实际支出的差距有多大等。

根据显示结果的不同，可分为常规差异分析和百分比差异分析两种情况，下面进行分别介绍。

1.常规差异分析

常规差异分析就是分析其他行与标准行之间的差值分析，或者其他列与标准列之间的差值分析。

下面，以在销售额增减情况表中分析各类商品销售额与上一月相比的增减情况为例，讲解其操作。

分析实例 分析各类商品销售额与上一月相比的增减情况

素材文件	◎素材\Chapter 6\销售额增减情况.xlsx
效果文件	◎效果\Chapter 6\销售额增减情况.xlsx

Step 01 打开"销售额增减情况"素材，❶在数据透视表值区域任意单元格上单击鼠标右键，❷在弹出的快捷菜单中单击"值显示方式"命令，❸在其子菜单中选择"差异"命令，如图6-18所示。

Step 02 ❶在打开的"值显示方式（求和项：销售额）"对话框中设置"基本字段"为"日期"，设置"基本项"为"（上一个）"，❷单击"确定"按钮，如图6-19所示。

图6-18

图6-19

Step 03 在返回的数据透视表中即可查看各种商品销售额与上一月相比其实际增减情况，如图6-20所示。

	A	B	C	D	E	F	G
2							
3	求和项:销售额	列标签 ▼					
4	行标签 ▼	冰箱	彩电	电脑	空调	相机	总计
5	⊟王宇						
6	3月						
7	4月	-70200	246100	421400	585200	0	1182500
8	5月	387400	-184000	-421400	-126000	177120	-166880
9	⊟周州						
10	3月						
11	4月	1562600	687700	129000	949200	-70110	3258390
12	5月	-1266200	-531300	-51600	-36400	-424350	-2309850
13	⊟刘天						
14	3月						
15	4月	-7800	46000	-94600	229600	88560	261760
16	5月	-205400	-27600	-318200	19600	47970	-483630

图6-20

TIPS *"基本项"和"基本字段"的设置* 🔍

除了本例中使用的选择快捷菜单命令，在打开的对话框中设置"基本项"和"基本字段"方法外，用户还可以直接在"值字段设置"对话框中，❶单击"值显示方式"选项卡，❷在"值显示方式"下拉列表框中选择"差异"选项，❸在"基本字段"列表框中选择"日期"选项，在"基本项"列表框选择"（上一个）"选项，❹单击"确定"按钮完成，如图6-21所示。

图6-21

2.差异百分比

差异百分比分析与常规差异分析相似，只是在计算出差值之后，再使用差值除以基本项，并使用百分数表示结果而已。该值显示方式常用于分析增长百分比，如同比增长百分之多少、环比增长百分之多少等。

下面在每月开支情况表中以1月为标准分析各项费用的增长百分比为例，讲解其相关操作。

分析实例　**分析各月开支情况增长的百分比**

素材文件	◎素材\Chapter 6\每月开支情况.xlsx
效果文件	◎效果\Chapter 6\每月开支情况.xlsx

Step 01 打开"每月开支情况"素材，❶在数据透视表值区域任意单元格上单击鼠标右键，❷在弹出的快捷菜单中选择"值字段设置"命令，如图6-22所示。

Step 02 ❶在打开的"值字段设置"对话框中单击"值显示方式"选项卡，❷在"值显示方式"下拉列表框中选择"差异百分比"选项，如图6-23所示。

图6-22

图6-23

Step 03 ❶在"基本字段"列表框中选择"列"选项，❷在"基本项"列表框中选择"1月"选项，❸单击"确定"按钮，如图6-24所示。

Step 04 在返回的数据透视表中即可查看各月的增长百分比，如图6-25所示。

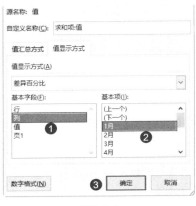

图6-24

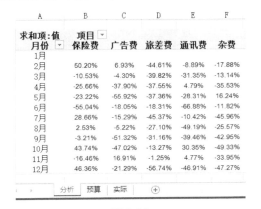

图6-25

6.2.5
按某一字段汇总及其汇总百分比

在数据分析过程中，如果需要进行累计汇总，使用“按某一字段汇总”值显示方式即可实现。该种值显示方式可以解决类似“截止多少日销售额为多少和完成任务进度”等问题，其使用方法与前几种值显示方式一样。图6-26为累计到10月各个项目的支出费用情况。

	A	B	C	D	E	F	G	H	I	J
2										
3	求和项:值	项目								
4	月份	保险费	广告费	旅差费	通讯费	杂费	租金	维修费	电气费	场地费
5	1月	5576	8071	8144	7617	7935	6329	7799	3721	5505
6	2月	13951	16701	12655	14557	14451	11321	12743	7202	11021
7	3月	18940	24425	17556	19786	21343	14113	18607	14946	19068
8	4月	23085	29437	22642	27768	26459	22215	25271	20651	23977
9	5月	27366	32995	27743	33229	35683	27876	29919	25555	28192
10	6月	29873	39609	34396	35752	42680	30925	37730	31310	33162
11	7月	37047	46446	38845	42575	46968	39780	43867	35334	37517
12	8月	42764	54096	44782	46445	52874	44538	48758	40518	42997
13	9月	48161	58025	50388	51056	57401	47071	53946	48914	48889
14	10月	56176	62301	57451	60985	61422	50283	61740	53049	53698

图6-26

如果用户希望以百分比的形式显示，则可以使用“按某一字段汇总的百分比”值显示方式，图6-27为以百分比的方式显示累计到10月各个项目的支出费用情况。

	A	B	C	D	E	F	G	H	I	J
2										
3	求和项:值	项目								
4	月份	保险费	广告费	旅差费	通讯费	杂费	租金	维修费	电气费	场地费
5	1月	9.93%	12.95%	14.18%	12.49%	12.92%	12.59%	12.63%	7.01%	10.25%
6	2月	24.83%	26.81%	22.03%	23.87%	23.53%	22.51%	20.64%	13.58%	20.52%
7	3月	33.72%	39.20%	30.56%	32.44%	34.75%	28.07%	30.14%	28.17%	35.51%
8	4月	41.09%	47.25%	39.41%	45.53%	43.08%	44.18%	40.93%	38.93%	44.65%
9	5月	48.71%	52.96%	48.29%	54.49%	58.09%	55.44%	48.46%	48.17%	52.50%
10	6月	53.18%	63.58%	59.87%	58.62%	69.49%	61.50%	61.11%	59.02%	61.76%
11	7月	65.95%	74.55%	67.61%	69.81%	76.47%	79.11%	71.05%	66.61%	69.87%
12	8月	76.13%	86.83%	77.95%	76.16%	86.08%	88.57%	78.97%	76.38%	80.07%
13	9月	85.73%	93.14%	87.71%	83.72%	93.45%	93.61%	87.38%	92.21%	91.04%
14	10月	100.00%	100.00%	100.00%	100.00%	100.00%	100.00%	100.00%	100.00%	100.00%

图6-27

6.2.6
指数

如果用户需要分析数据之间的相对重要性，那么就可以使用“指数”值显示方式。例如，在图6-28所示的数据透视表中，在使用“指数”值显示方式后，可以得到相机对于昆明的重要性最高（2.2左右），而对苏州的重要性最小（0.7左右），即相机对昆明比对苏州更重要。

	A	B	C	D	E	F	G
2							
3	求和项:销售额	列标签 ▼					
4	行标签 ▼	冰箱	彩电	电脑	空调	相机	总计
5	北京	1.16425058	1.135321862	0.66999501	1.063927262	0.90384462	1
6	杭州	0.949430686	1.083865664	0.624184685	1.194685746	1.227239173	1
7	合肥	0.629032935	0.875332361	1.034973475	1.464540707	0.812428432	1
8	昆明	0.610940715	1.168251401	1.005475464	0.725052333	2.188281159	1
9	南京	1.562916774	1.072044429	0.761571608	0.760223886	0.727491979	1
10	苏州	0.964268479	0.920401134	1.670422049	0.683651636	0.661203373	1
11	太原	0.828351117	0.787584302	1.447822987	1.02729148	0.794141713	1
12	总计	1	1	1	1	1	1

图6-28

TIPS *清除设置的值显示方式*

在为数据透视表值区域中的字段使用了只显示方式后，如果想要清除设置的值显示方式，只需将值显示方式改为"无计算"即可。

6.3 在报表中使用计算字段

在完成数据透视表的创建之后，用户将不能在数据透视表中执行插入、删除、移动、更改等操作，也不能够在数据透视表中使用公式和函数计算数据。但在许多时候又需要对数据透视表中的字段进行计算，从而得到更多的数据信息。对此，用户可以通过在数据透视表中插入计算字段来实现。

6.3.1 插入计算字段

在数据透视表的值区域中插入计算字段，只需单击"数据透视表工具 分析"选项卡"计算"组的"字段、项目和集"下拉按钮，选择"计算字段"命令，在打开的对话框中对计算字段进行设置即可。

1.使用计算字段对现有字段进行简单计算

计算字段的主要功能便是对现有字段进行计算，如计算两个字段的和、差、积、商等，从而得到用户需要的信息。

其方法比较简单，只需使用四则运算将需要计算的字段连接起来即可，下面以通过利润分析表中现有字段计算各个销售渠道的毛利润为例，讲解其相关操作。

分析 实例 计算商品销售的毛利润

素材文件	◎素材\Chapter 6\利润分析.xlsx
效果文件	◎效果\Chapter 6\利润分析.xlsx

Step 01 打开"利润分析"素材，❶选择数据透视表任意单元格，单击"数据透视表工具 分析"选项卡"计算"组中的"字段、项目和集"下拉按钮，❷ 选择"计算字段"命令，如图6-29所示。

Step 02 ❶在打开的"插入计算字段"对话框中，删除"公式"文本框内的数字"0"，❷双击"字段"列表框中的"销售额"字段，如图6-30所示。

图6-29   图6-30

Step 03 ❶在"公式"文本框中输入运算符号"-"，❷双击"字段"列表框中的"成本"字段，如图6-31所示。

Step 04 ❶在"名称"文本框中输入文本"利润"，❷单击"添加"按钮，❸单击"确定"按钮，如图6-32所示。

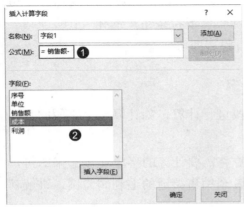

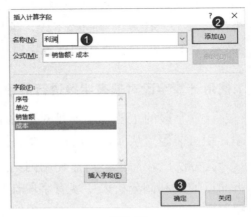

图6-31   图6-32

Step 05 在返回的数据透视表中即可查看商品各个渠道的毛利润，如图6-33所示。

	A	B	C	D	E
3		数据			
4	单位 ▼	求和项:销售额	求和项:成本	求和项:序号	求和项:利润
5	S8260	5,000.00	4,930.00	222.00	70.00
6	爱卫会	320.00	205.00	209.00	115.00
7	保险公司	500.00	275.00	32.00	225.00
8	财政局	158,800.00	153,350.00	295.00	5,450.00
9	残联	14,100.00	12,118.00	439.00	1,982.00
10	城建局	997.40	751.00	10.00	246.40
11	城南派出所	1,568.00	1,128.00	190.00	440.00
12	雕教师	4,970.00	4,874.00	91.00	96.00
13	二区二中	29,850.50	25,853.00	680.00	3,997.50
14	二区一小	14,600.00	13,440.00	127.00	1,160.00
15	复印	1,500.00	900.00	44.00	600.00
16	复印费	1,205.00	935.00	138.00	270.00
17	高英杰	6,050.00	5,420.00	122.00	630.00

图6-33

2.在计算字段中使用常量

使用计算字段计算数据时，不仅可以利用现有的字段进行计算，而且还可以在计算公式中使用常量进行计算。

例如，在图6-34所示的数据透视表中记录了每月公司订单的总金额，按照每笔30%收取定金，现需要计算每月收到的定金额。

对于此问题，只需在数据透视表中插入计算字段，在"插入计算字段"对话框中的"公式"文本框中输入"=订单金额*0.3"公式，并在"名称"文本框输入"订金"文本，单击"添加"按钮，再单击"确定"即可，如图6-35所示。

图6-34

图6-35

3.在计算字段中使用工作表函数

在数据透视中进行计算字段时，除了可以进行四则运算外，还可以利用工作表函数进行计算。但由于数据透视表中的所有计算都是引用数据透视表缓存区域中的数据进行的，因此在数据透视表计算字段中使用的工作表函数就不能够使用单元格引用或者名称引用的函数，可用的函数较少，例如SUM()、IF()、AND()、NOT()、OR()、TEXT()等。

下面以在提成计算表中根据公司销售员的提成规则（月销售量小于100万，则按1个点提成；高于100万小于200万则按2个点提成；高于200万，则按3个点提成）计算各员工提成金额为例，讲解其操作。

分析 实例 计算员工提成金额 _____●

素材文件	◎素材\Chapter 6\提成计算.xlsx
效果文件	◎效果\Chapter 6\提成计算.xlsx

Step 01 打开"提成计算"素材，❶选择数据透视表中任意单元格，❷单击"数据透视表工具 分析"选项卡"计算"组中的"字段、项目和集"下拉按钮，❸选择"计算字段"命令，如图6-36所示。

Step 02 ❶在打开对话框的"公式"文本框输入"=IF(销售额<1000000,1,IF(销售额<2000000,2,3))/100"公式，❷在"名称"文本框中输入"提成比例"文本，❸单击"添加"按钮，❹单击"确定"按钮，如图6-37所示。

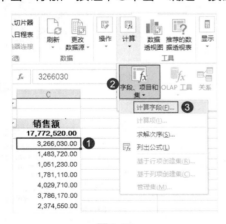

图6-36

图6-37

Step 03 ❶使用同样的方法，使用"=销售额*提成比例"公式插入"提成金额"计算字段，❷单击"添加"按钮，❸单击"确定"按钮关闭对话框。如图6-38所示。

Step 04 ❶选择"求和项：提成比列"字段，❷在"开始"选项卡"数字"组单击"%"按钮，如图6-39所示。

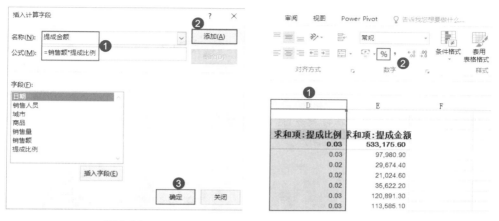

图6-38　　　　　　　　　　　　　　　　图6-39

Step 05 完成后，即可在数据透视表中查看各员工提成比例和提成金额，如图6-40所示。

	日期	销售人员	销售额	求和项：提成比例	求和项：提成金额
4	⊟4月		17,772,520.00	3%	533,175.60
5		郝宗泉	3,266,030.00	3%	97,980.90
6		王腾宇	1,483,720.00	2%	29,674.40
7		刘元	1,051,230.00	2%	21,024.60
8		章展	1,781,110.00	2%	35,622.20
9		李源	4,029,710.00	3%	120,891.30
10		杨可	3,786,170.00	3%	113,585.10
11		方天琪	2,374,550.00	3%	71,236.50
12	⊟5月		12,115,170.00	3%	363,455.10
13		郝宗泉	1,167,130.00	2%	23,342.60
14		王腾宇	468,100.00	1%	4,681.00
15		刘元	1,273,100.00	2%	25,462.00
16		章展	1,026,170.00	2%	20,523.40
17		李源	3,081,170.00	3%	92,435.10

图6-40

6.3.2

修改计算字段

对于在数据透视表中已经添加的计算字段，如果添加的字段不再适合报表，那么用户还可以根据需要对其进行修改。只需在"插入计算字段"对话框中，在"名称"下拉列表框中选择需要修改的计算字段，在"公式"文本框中重新输入计算公式，单击"修改"按钮即可。

下面以公司修改的提成规则（每增加100万元提高一个百分点）修改员工的提成比例为例，讲解其操作。

分析 实例	**根据公司提成规则修改员工提成比例**
素材文件	◎素材\Chapter 6\提成比例调整.xlsx
效果文件	◎效果\Chapter 6\提成比例调整.xlsx

Step 01 打开"提成比例调整"素材，❶选择数据透视表任意单元格，❷在"数据透视表工具 分析"选项卡"计算"组单击"字段、项目和集"下拉按钮，选择"计算字段"命令，如图6-41所示。

Step 02 ❶在打开的"插入计算字段"对话框中单击"名称"下拉列表框，❷选择"提成比例"选项，如图6-42所示。

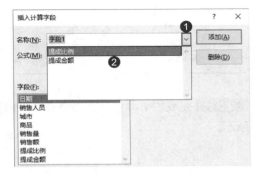

图6-41   图6-42

Step 03 ❶在"公式"文本框中重新输入"=0.01+INT(销售额 /1000000)*0.01"公式，❷单击"修改"按钮，❸单击"确定"按钮关闭对话框，如图6-43所示。

Step 04 ❶在返回的数据透视表中选择D列单元格，❷在"开始"选项卡"数字"组单击"%"按钮，将数字设置为百分数格式，如图6-44所示。

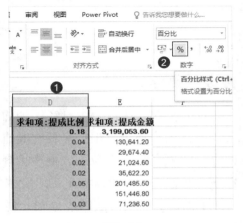

图6-43   图6-44

Step 05 完成后，即可在数据透视表中查看修改规则后各个员工的提成比例，以及提成金额，如图6-45所示。

日期	销售人员	销售额	求和项:提成比例	求和项:提成金额
⊟4月		17,772,520.00	18%	3,199,053.60
	郝宗泉	3,266,030.00	4%	130,641.20
	王腾宇	1,483,720.00	2%	29,674.40
	刘元	1,051,230.00	2%	21,024.60
	章展	1,781,110.00	2%	35,622.20
	李源	4,029,710.00	5%	201,485.50
	杨可	3,786,170.00	4%	151,446.80
	方天琪	2,374,550.00	3%	71,236.50
⊟5月		12,115,170.00	13%	1,574,972.10
	郝宗泉	1,167,130.00	2%	23,342.60
	王腾宇	468,100.00	1%	4,681.00
	刘元	1,273,100.00	2%	25,462.00
	章展	1,026,170.00	2%	20,523.40
	李源	3,081,170.00	4%	123,246.80
	杨可	2,709,360.00	3%	81,280.80
	方天琪	2,390,140.00	3%	71,704.20

图6-45

6.3.3
删除计算字段

报表完成后，对于那些不再需要的计算字段，用户应及时删除，以免混淆其他数据，造成不必要的麻烦。其方法比较简单，❶只需在"插入计算字段"对话框的"名称"下拉列表框中选择需要删除的计算字段，❷单击"删除"按钮即可，如图6-46所示。

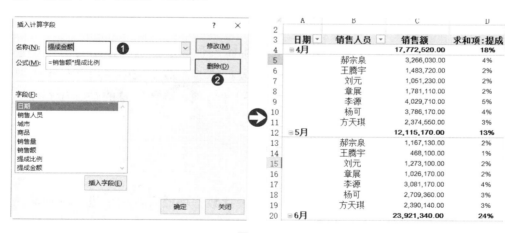

图6-46

对于那些暂时不会使用到的计算字段，用户可以将其隐藏，使用时再打开即可，主要有以下两种方法。

◆ **通过"数据透视表字段"窗格隐藏**：在"数据透视表字段"窗格中取消选中该计算字段即可，如图6-47所示。

◆ **通过快捷菜单命令隐藏**：❶单击需要隐藏列任意单元格，❷在弹出的快捷菜单中选择删除该列的命令，如图6-48所示，选择"删除'求和项：提成比例'"命令。

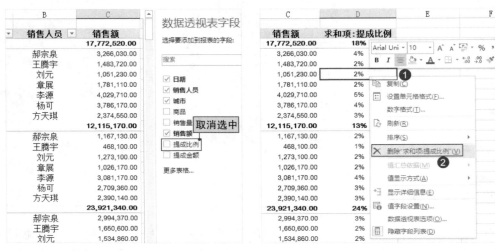

图6-47　　　　　　　　　　　　　图6-48

6.4 在报表中使用计算项

计算项与计算字段用法相似，都是临时添加的虚拟数据，不会出现在数据源中。在数据透视表中添加的计算字段只能够在值区域中使用，如果需要在行/列字段区域中进行计算，就需要使用计算项。需要注意的是，计算项不能够对组合字段进行计算。

插入计算项

添加计算项就是在行字段添加新的一行数据项或者在列字段上添加新的一列数据项。其具体的效果是对同一行或者列与其他列或者行中的数据进行计算。

下面以在"费用增长记录"工作簿"账务分析"工作表中添加"增长比例"计算项为例，讲解其操作。

分析实例 分析2019年上半年较2018年上半年的开支增长情况

素材文件	◎素材\Chapter 6\费用增长记录.xlsx
效果文件	◎效果\Chapter 6\费用增长记录.xlsx

Step 01 ❶打开"费用增长记录"素材，❶选择D4单元格，在"数据透视表工具 分析"选项卡"计算"组单击"字段、项目和集"下拉按钮，❷选择"计算项"命令，如图6-49所示。

Step 02 ❶在打开对话框的"名称"文本框中输入"增长比例"文本，在"公式"文本框中输入"=('2019'-'2018')/'2018'"公式，❷单击"添加"按钮后关闭对话框，如图6-50所示。

图6-49

图6-50

Step 03 ❶选择数据透视表任意单元格，在"数据透视表工具 设计"选项卡"布局"组中单击"总计"下拉按钮，❷选择"仅对列启用"选项，如图6-51所示。

Step 04 ❶选择新添加的E列，❷在"开始"选项卡"数字"组单击"%"按钮，如图6-52所示。

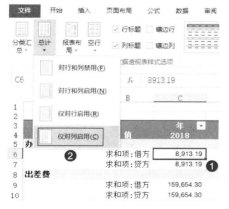

图6-51

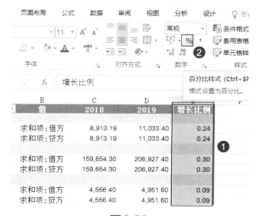

图6-52

Step 05 完成后即可在数据透视表中查看2019年上半年较2018年上半年各项费用开支的增长比例，如图6-53所示。

	A	B	C	D	E	F
1						
2			年			
3			年			
4	科目名称	值	2018	2019	增长比例	
5	**办公用品**					
6		求和项:借方	8,913.19	11,033.40	24%	
7		求和项:贷方	8,913.19	11,033.40	24%	
8	**出差费**					
9		求和项:借方	159,654.30	206,927.40	30%	
10		求和项:贷方	159,654.30	206,927.40	30%	
11	**出租车费**					
12		求和项:借方	4,556.40	4,951.60	9%	
13		求和项:贷方	4,556.40	4,951.60	9%	
14	**抵税运费**					
15		求和项:借方	91,888.65	72,940.83	-21%	
16		求和项:贷方	91,888.65	72,940.83	-21%	

图6-53

6.4.2
修改与删除计算项

对于数据透视表中已添加的计算项同计算字段一样，可以进行修改与删除，其方法类似。

1.修改计算项

在"数据透视表工具 分析"选项卡的"计算"组中单击"字段、项目和集"下拉按钮，选择"计算项"命令，❶在打开的对话框的"名称"下拉列表中选择要修改的计算项，❷在"公式"文本框中输入修改后的公式，❸单击"修改"按钮即可完成，如图6-54所示。

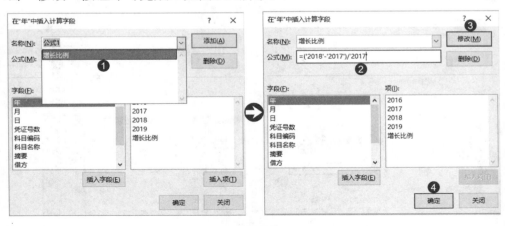

图6-54

2.删除计算项

不再需要计算项时，其删除方法与计算字段一样，只需选择需要删除的计算项，单击"删除"按钮即可。

计算项不能同计算字段一样通过"数据透视表字段"窗格进行隐藏，这是因为在数据透视表中添加的计算项不会显示在"数据透视表字段"窗格中，所以不能使用取消选中计算字段的方法隐藏计算项。

6.4.3 更改计算项的求解次序

如果在数据透视表中存在两个或两个以上计算项，并且不同计算项的公式中存在相互引用，各个计算项的计算顺序会带来不同的计算结果。那么这些计算项的先后顺序就十分重要了，因为不同的计算顺序计算出来的结果是不一样的。

如果用户有不同的数据分析需求，就可以通过更改计算项的求解次序来实现。更改计算项的求解次序十分简单，❶只需选择数据透视表任意单元格，❷在"数据透视表工具 分析"选项卡"计算"组中单击"字段、项目和集"下拉按钮，选择"求解次序"命令，❸在打开的对话框中选择需要更改求解次序的计算项，❹单击"上移"和"下移"按钮即可调整计算项求解次序，如图6-55所示。

图6-55

6.5 管理数据透视表中计算字段和计算项

在使用计算项与计算字段时还需要注意一些问题，避免在数据分析时造成不必要的麻烦，如注意计算字段的计算实质、计算字段和计算项的公式获取、使用计算字段和计算项需要注意些什么等。

6.5.1 获取计算字段和计算项公式

如果在数据透视表中添加了多个计算字段和计算项，一段时间后，用户可能已经记不清数据透视表中包含哪些计算字段，以及这些计算字段的公式来源。对于此类情况，可以让Excel自动列出与当前数据透视表有关的计算字段和计算项。

❶选择数据透视表任意单元格，❷在"数据透视表工具 分析"选项卡"计算"组单击"字段、项目和集"下拉按钮，选择"列出公式"命令即可，如图6-56所示。

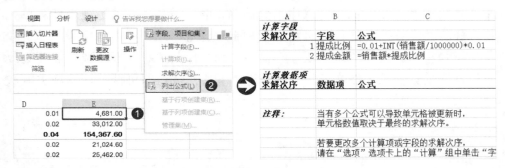

图6-56

6.5.2 应注意计算字段的计算实质

在数据透视表中使用计算字段进行数据计算时，正确使用和认识计算字段的计算实质（即怎么进行数据计算的）是十分重要的。否则，就会出现得到的计算结果总是不正确的情况。

如图6-57所示，在已知商品的单价、折扣和销售数量的情况下，需要计算产品的销售额，如果在计算字段对话框中使用"=数量*单价*'折扣'/10"公式进行计算，得到的答案将不是对话框中显示的答案。

图6-57

这是因为在该例中使用计算字段进行计算的时候，计算字段会先将各字段按组进行求和，即上述字段中的公式其实为"=(求和项:单价)*(求和项:折扣)/10*(求和项:销售数量)"。

应特别注意的是，插入的计算字段只认识"求和"这一种计算方式，即使将值字段设置为其他任何汇总方式，计算字段的结果仍然采用的是求和方式计算，是不能通过改变其引用的字段或计算字段本身的汇总方法来改变的，如图6-58所示。

	A	B	C	D	E
2					
3	行标签 ▽	计数项:数量	求和项:单价	求和项:折扣	求和项:总营业额
4	靠墙架	1	20	9.5	57
5	篮球	1	60	9.5	1020
6	帽	1			1755
7	帽钩	1			17.1
8	男T恤	1	70	8.5	1428
9	女短套裤	1	45	9.5	470.25
10	跑鞋	10	856	81.5	3139380
11	球托	1			8.55
12	袜钩	1			5.7
13	新挂衣钩	1	12	9.5	68.4
14	新间接衣杆	1	18	9.5	136.8
15	新直接衣杆	1	10	9.5	9.5
16	休闲鞋	12	1840	104	4458688
17	运动裤	1	66	8.5	2861.1
18	总计	34	3095	296	76954080

计算字段的结果并无变化

更改引用字段的汇总方式

图6-58

因此，数据透视表的字段列表是不适合使用乘法运算的，出错的可能性比较大。

6.5.3
计算字段和计算项的使用应谨慎

　　虽然使用计算字段可以满足用户不同的数据分析需求，但是使用这些计算字段和计算项也经常会得到一些错误的结果，所以在使用计算字段和计算项时应谨慎。

　　在某些情况下，计算字段和计算项甚至是不能够使用的，如不能够为数据透视表的组合字段添加计算项、不能将汇总方式不是求和的字段作为计算字段的参数等。

　　在以下两种情况下数据透视表不能添加计算项。

　　◆ 对数据透视表中的字段项进行了分组。

　　◆ 对数据透视表中的字段设置了自定义汇总方式。

　　如果用户对已经分过组的字段添加计算项时，系统会打开图6-59所示的提示框。如果用户需要添加计算项，则需取消字段分组后再添加。

图6-59

　　或者使用汇总方式、值显示方式、在数据透视表附近使用辅助列计算数据等，都可以很好地替代计算字段和计算项。

使用函数
提取报表中的数据

如果需要在数据透视表以外的地方使用数据透视表中的汇总数据，最好的方法就是使用GETPIVOTDATA()函数从表中提取想要的数据。本章将详细介绍该函数的使用方法与技巧。

学习建议与计划

初识数据透视表GETPIVOTDATA()函数

第11天

快速生成数据透视表函数公式
数据透视表函数公式举例
数据透视表函数的语法

GETPIVOTDATA()函数具体应用

第12天

自动汇总方法下静态获取数据透视表数据
自动汇总方法下动态获取数据透视表数据
利用数据透视表函数进行计算
从多个数据透视表中获取数据
使用数据透视表函数应注意的问题以及可用的
汇总函数

7.1 初识数据透视表GETPIVOTDATA()函数

为了获取数据透视表的各种计算数据，Excel软件设计了数据透视表函数GETPIVOTDATA()，它是在数据透视表基础上使用的一个函数。该函数比数据透视表灵活，可在数据透视表的基础上按照自己需要的格式获取数据。

7.1.1
快速生成数据透视表函数公式

数据透视表函数的参数和形式都比较多，为了方便用户的使用，Excel提供了快速生成数据透视表公式的方法。用户可以利用该方法方便、快捷地获取数据透视表中的数据。

❶选择数据透视表任意单元格，❷在"数据透视表工具 分析"选项卡"数据透视表"组中单击"选项"下拉按钮，❸选择"生成GetPivotData"选项，打开自动生成数据透视表函数公式开关，如图7-1所示。此时，当用户引用数据透视表中值区域的数据，Excel就会自动生成数据透视表函数公式。

图7-1

在取消勾选"生成GetPivotData"后，用户再引用数据透视表值区域的数据时，则只能得到一个单元格引用。

除了上述方法外，用户还可以通过在"Excel选项"对话框打开或关闭"生成GetPivotData"开关。

单击"文件"选项卡，单击"选项"按钮。❶在打开的"Excel选项"对话框中单击"公式"选项卡，❷在"使用公式"栏选中或取消选中"使用GetPivotData函数获取数据透视表引用"复选框即可打开或关闭"生成GetPivotData"开关，如图7-2所示。

图7-2

数据透视表函数公式举例

在打开"生成GetPivotData"开关后，用户就可以通过数据透视表函数自动从透视表中获取对应的数据。

在如7-3左图所示的"见习成绩表"素材中，❶选择数据透视表任意单元格，❷在"数据透视表工具 分析"选项卡"数据透视表"组中单击"选项"下拉按钮，选择"生成GetPivotData"选项。选择空白单元格，输入"="，再单击数据透视表中的数据单元格即可。

	A	B	C	D	E	F
3	行标签 ▼	专业	技术	行为	思想	总成绩
4	曾丽娟	69	85	89	71	314
5	陈洁	62	54	56	74	246
6	陈阳	69	80	64	96	309
7	陈紫函	64	91	77	60	292
8	邓羲	91	82	88	78	339
9	冯亚茹	96	79	85	66	326
10	李娟	58	85	59	73	275
11	刘杰	60	100	52	72	284
12	刘唐	62	75	81	78	296
13	刘晓梅	89	93	60	62	304
14	宋科	89	77	63	79	308
15	王丹丹	66	95	77	63	301
16	尤佳	87	95	86	89	357
17	张涛	85	57	62	86	290
18						

图7-3

例如要获取曾丽娟"总成绩"的值，数据透视表函数的公式如下，如图7-4所示。

=GETPIVOTDATA("总成绩",A3,"姓名","曾丽娟")

	A	B	C	D	E	F	G
2							
3	行标签 ▼	专业	技术	行为	思想	总成绩	
4	曾丽娟	69	85	89	71	314	
5	陈洁	62	54	56	74	246	
6	陈阳	69	80	64	96	309	
7	陈紫函	64	91	77	60	292	
8	邓羲	91	82	88	78	339	
9	冯亚茹	96	79	85	66	326	
10	李娟	58	85	59	73	275	
11	刘杰	60	100	52	72	284	
12	刘唐	62	75	81	78	296	
13	刘晓梅	89	93	60	62	304	
14	宋科	89	77	63	79	308	
15	王丹丹	66	95	77	63	301	
16	尤佳	87	95	86	89	357	
17	张涛	85	57	62	86	290	
18	=GETPIVOTDATA（"总成绩",A3,"姓名","曾丽娟"）						
19							

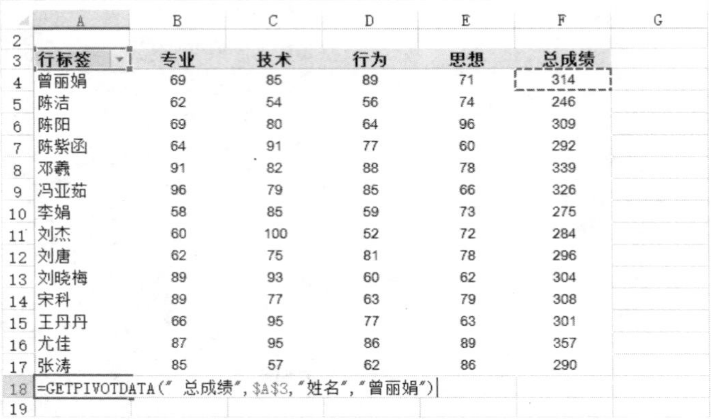

图7-4

获取陈紫函"行为"的值，数据透视表函数的公式如下，如图7-5所示。

=GETPIVOTDATA("行为",A3,"姓名","陈紫函")

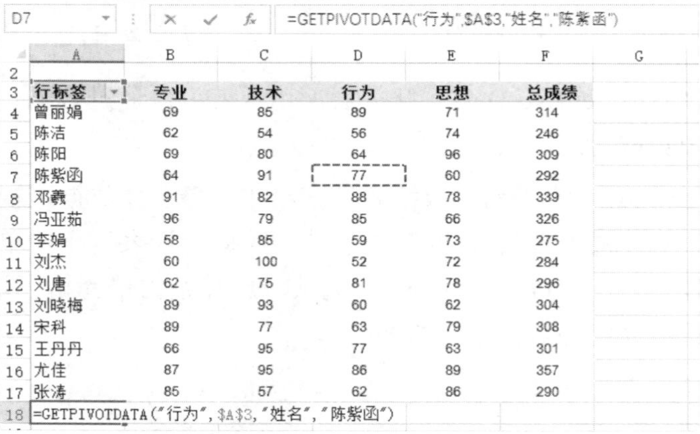 D7		:	× ✓	fx	=GETPIVOTDATA("行为",A3,"姓名","陈紫函")		
	A	B	C	D	E	F	G
2							
3	行标签 ▼	专业	技术	行为	思想	总成绩	
4	曾丽娟	69	85	89	71	314	
5	陈洁	62	54	56	74	246	
6	陈阳	69	80	64	96	309	
7	陈紫函	64	91	77	60	292	
8	邓羲	91	82	88	78	339	
9	冯亚茹	96	79	85	66	326	
10	李娟	58	85	59	73	275	
11	刘杰	60	100	52	72	284	
12	刘唐	62	75	81	78	296	
13	刘晓梅	89	93	60	62	304	
14	宋科	89	77	63	79	308	
15	王丹丹	66	95	77	63	301	
16	尤佳	87	95	86	89	357	
17	张涛	85	57	62	86	290	
18	=GETPIVOTDATA（"行为",A3,"姓名","陈紫函"）						

图7-5

7.1.3
数据透视表函数的语法

下面来详细了解一下GETPIVOTDATA()函数的语法结构。

GETPIVOTDATA (data_field,pivot_table,fieldlf iteml,field2,item2,...)

◆ "data_field"表示包含检索数据表的字段名称，格式必须是以成对双引号输入的文本字符串或是经转化为文本类型的单元格引用。

◆ "pivot_table"表示对数据透视表中任何单元格或单元格区域的引用，该信息用于确定包含要检索数据的数据透视表。如果 pivot_table 为包含两个或更多个数据透视表的区域，则将从区域中最新创建的报表中检索数据。

◆ "fieldlf iteml,field2,item2,.."为一组或多组"字段名称"和"项目名称"，主要用于描述获取数据的条件。

TIPS | GETPIVOTDATA()函数的使用 |

当data_field参数是文本字符串时，必须使用成对双引号引起来；如果是单元格引用，必须使用文本函数，或直接使用文本连接符"&"连接一个空值符，将该参数转化为文本类型，否则会出现"#REF!"错误。如果参数为数据透视表中不可见或不存在的字段，则GETPIVOTDATA()函数将返回"#REF!"错误。

7.2 GETPIVOTDATA()函数具体应用

GETPIVOTDATA()函数将从数据透视表中检索数据。该函数的最大好处是，当透视表布局更改时它能继续检索正确的数据。如果在布局更改时某块数据的单元格位置也更改了，函数仍将找到并返回正确的值，不管它在哪个单元格。在GETPIVOTDATA()函数的计算中可以包含计算字段、计算项及自定义计算方法。

7.2.1
自动汇总方法下静态获取数据透视表数据

在认识了GETPIVOTDATA()函数的语法及基本知识后，用户就可以根据数据透视表公式，方便、快捷地获取数据透视表中的计算数据。默认情况下，数据透视表会使用"自动汇总"的方式进行分类汇总。

如图7-6所示的产品销售额统计分析表中，想要获取公司产品销售数据，而进行数据分析计算。

行标签	冰箱	彩电	电脑	空调	相机	总计
杭州	969800	938400	593400	1397200	586710	4485510
王宇	62400			274400		336800
周州	130000	197800	146200	310800	232470	1017270
刘天	202800			310800		513600
方芳	156000	246100		100800		502900
王泉	260000	165600	180600	95200		701400
刘金	80600	96600		114480	195570	487550
王敏	78000	232300	266600	190400	158670	925970
昆明	387400	627900	593400	526400	649440	2784540
王宇		80500		81200		161700
周州	57200	39100	593400		232470	922170
刘天	80600					80600
方芳	109200	57500		84000	162360	413060
王泉				70000		70000
刘金	98800	253000		159600		511400
王敏	41600	197800		131600	254610	625610
总计	1357200	1566300	1186800	1923600	1236150	7270050

图7-6

1.获取产品销售总额

想要获取产品销售的总金额只需在打开"生成GetPivotData"开关后，在B25单元格输入"="，然后选择G21单元格即可查看数据透视表函数公式，按【Enter】键即可得到计算结果为7270050，公式如下。

=GETPIVOTDATA("销售额",A3)

第一个参数表示字段名称，在这里为"销售额"。

第二个参数为数据透视表中的任意单元格，在这里为A3。

默认情况下，GETPIVOTDATA()函数只有两个参数时，表示获取计算字段的合计数。

2.获取昆明销售额

同样的方法，在B26单元格输入数据透视表函数公式，计算结果为2784540，公式如下。

=GETPIVOTDATA("销售额",A3,"城市","昆明")

第一个参数表示计算字段，这里为"销售额"。

第二个参数为数据透视表中任意单元格，这里为A3。

第三个和第四个参数为分类计算条件组，这里由分类字段"城市"和分类字段项"昆明"组成。

3.获取王泉在杭州的空调销售额

在B27单元格输入数据透视表函数公式，计算结果为95200，公式如下。

=GETPIVOTDATA("销售额",A3,"销售人员","王泉","城市","杭州","商品","空调")

第一个参数表示需要计算字段的名称，“这里为销售额”。

第二个参数为数据透视表中任意单元格，这里为A3。

第三个和第四个参数为分类计算条件组，由分类字段“销售人员”和分类字段项“王泉”组成。

第五个和第六个参数为分类计算的条件组，由分类字段“城市”和分类项“杭州”组成。

第七个和第八个参数为分类计算的另一条件组，由分类字段“商品”和分类字段项“空调”组成。

从前面的3个数据获取例子中可以看出，如果数据透视表函数的条件越多，则获取值越明细；反之，如果数据透视表函数较少，则得到的是各级分类汇总的值。

7.2.2

自动汇总方法下动态获取数据透视表数据

除了可以在自动汇总方式下静态获取数据透视表数据外，还可以通过使用混合单元格引用实际动态获取数据透视表数据。

如图7-7所示的数据透视表中统计了各个分公司的销售金额和销售数量，现需要从数据透视表中获取有关分析数据。

	A	B	C	D	E	F	G	H	I	J	K	L
3			产品分类	值								
4			A产品		B产品		C产品		D产品		金额汇总	数量汇总
5	分公司	日期	金额	数量	金额	数量	金额	数量	金额	数量		
6	海口分公司		5000	1000	4100	800	37000	6000	11000	1700	57100	9500
7		2019/5/25	5000	1000	4100	800			5000	700	14100	2500
8		2019/5/26					37000	6000	6000	1000	43000	7000
9	宁波分公司		40000	7600			78000	12300	10000	1500	128000	21400
10		2019/5/25	15000	2600			50000	8000			65000	10600
11		2019/5/26	25000	5000			28000	4300	10000	1500	63000	10800
12	徐州分公司		26000	5100	5000	800	30000	4200			61000	10100
13		2019/5/25	26000	5100	3000	500	17000	2600			46000	8200
14		2019/5/26			2000	300	13000	1600			15000	1900
15	总计		71000	13700	9100	1600	145000	22500	21000	3200	246100	41000
16												

图7-7

1.获取3个分公司的销售数量总和

在A18单元格输入以下公式，即可得到销售数量总值为41000。

=GETPIVOTDATA(T(D5),A3)

这个函数公式中，第一个参数为计算字段，这里为D5单元格引用值"数量"，并使用T()函数将其转化为文本类型。

第二个参数为数据透视表中任意一个单元格，这里为A3单元格的绝对引用格式。

2.分别获取各分公司的销售金额合计值

在C25单元格输入以下公式即可得到其中一个分公司销售金额合计数。

=GETPIVOTDATA(T(C$5),$A$3,"分公司",B25&"分公司")

然后向下填充到C27单元格即可得到另外两个分公司的销售金额合计值，如图7-8所示。

	A	B	C	D	E	F	G
12	⊟徐州分公司		26000	5100	5000	800	30000
13		2019/5/25	26000	5100	3000	500	17000
14		2019/5/26			2000	300	13000
15	总计		71000	13700	9100	1600	145000
16							
17							
18							
19							
20							
21	3个分公司销售数量总和						
22			41000				
23	3个分公司的销售金额合计值						
24	分公司 ▼	金额 ▼					
25		海口	57100				
26		宁波	128000				
27		徐州	61000				
28							

图7-8

在这个公式中，第一个参数表示计算字段名称，这里引用数据透视表中的C5单元格的"金额"，并使用T()函数将其转化为文本类型。

第二个参数为数据透视表中任意一个单元格，这里为A3单元格的绝对引用格式。

第三、第四个参数表示为条件组，这里由"分公司"分类字段和分公司对应的数据项的值组成，这里为"B25&"分公司""。

3.获取3个公司B产品的销售数量合计值

在C30单元格输入以下公式，即可得到其中一个分公司的销售数量合计数值。

=GETPIVOTDATA(T(C30),A3,"产品分类",A30,"分公司",B31&"分公司")

然后向下填充到C33单元格，即可得到另外两个分公司B类产品的销售数据合计值，如图7-9所示。

在这个函数公式中，第一个和第二个参数同前面一样，为计算字段名称和数据透视表中任意单元格。

第三、第四个参数为条件组，第三个参数"产品分类"为分类字段名称，第四个参数则为A30单元格的引用值"B产品"。

第五、第六个参数也是条件组，第五个参数"分公司"为分类字段名称，第六个参数为该分公司字段对应数据项的值。

图7-9

7.2.3
利用数据透视表函数进行计算

GETPIVOTDATA()函数与其他函数相结合，可以充分发挥数据透视表的灵活性，能够方便、快捷进行数据分析，从而满足用户更多的需求。

下面以使用数据透视表函数计算分类汇总百分比为例来讲解相关操作，其具体如下。

分析实例 利用数据透视表函数计算分类汇总百分比

素材文件	◎素材\Chapter 7\分类汇总.xlsx
效果文件	◎效果\Chapter 7\分类汇总.xlsx

Step 01 打开"分类汇总"素材，❶在"数据透视表字段"窗格中在拖动一个"金额"字段到值区域，❷单击"求和项：金额"右侧下拉按钮，在弹出的下拉菜单中选择"值字段设置"命令，如图7-10所示。

Step 02 ❶在打开的对话框的"自定义名称"文本框中输入"总计百分比"文本，❷单击"确定"按钮，如图7-11所示。

图7-10

图7-11

Step 03 ❶选择数据透视表D列任意单元格，单击鼠标右键，❷在弹出的快捷菜单中选择"值显示方式/总计的百分比"命令，如图7-12所示。

Step 04 在E2单元格输入"分类百分比"文本，按【Enter】键添加"分类百分比"列，如图7-13所示。

图7-12

		数据		
日期	品种	金额	总计百分比	分类百分比
5月	产品一	28,795.00	11.70%	
	产品二	4,644.00	1.89%	
	产品三	28,888.00	11.74%	
5月 汇总		62327	25.32%	
6月	产品一	40,875.00	16.61%	
	产品三	78,500.00	31.89%	
	产品四	9,960.00	4.05%	
6月 汇总		129,335.00	52.55%	
7月	产品一	4,905.00	1.99%	
	产品二	4,151.00	1.69%	
	产品三	35,680.00	14.50%	
	产品四	9,724.00	3.95%	
7月 汇总		54,460.00	22.13%	
总计		246,122.00	100.00%	

图7-13

Step 05 在E3单元格中输入公式"=GETPIVOTDATA(T(C2),A1,A2,month, IF(B3=0,A2,B2),IF(B3=0,month,B3))/GETPIVOTDATA(T(C2),A1,$A $2,month)"，然后按【Enter】可得到结果，如图7-14所示。

Step 06 选择E3单元格选择依次向下填充，计算其他行的分类百分比的值，如图7-15所示。

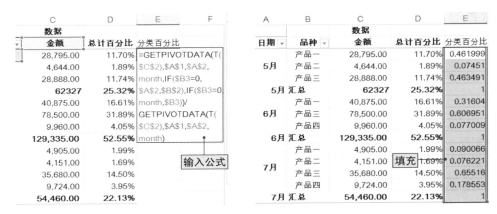

图7-14

图7-15

Step 07 ❶选中E列，❷在"开始"选项卡"数字"组中单击"%"按钮，将数值格式设置为百分比，如图7-16所示。

图7-16

Step 08 设置完成后，即可在表格中查看各月各类产品的分类百分比的值，如图7-17所示。

	A	B	C	D	E	F
1			**数据**			
2	日期	品种	**金额**	**总计百分比**	分类百分比	
3		产品一	28,795.00	11.70%	46%	
4	5月	产品二	4,644.00	1.89%	7%	
5		产品三	28,888.00	11.74%	46%	
6	**5月 汇总**		**62,327.00**	**25.32%**	100%	
7		产品一	40,875.00	16.61%	32%	
8	6月	产品三	78,500.00	31.89%	61%	
9		产品四	9,960.00	4.05%	8%	
10	**6月 汇总**		**129,335.00**	**52.55%**	100%	
11		产品一	4,905.00	1.99%	9%	
12	7月	产品二	4,151.00	1.69%	8%	
13		产品三	35,680.00	14.50%	66%	
14		产品四	9,724.00	3.95%	18%	
15	**7月 汇总**		**54,460.00**	**22.13%**	100%	

图7-17

7.2.4
从多个数据透视表中获取数据

如果用户进行数据分析计算时涉及多个数据透视表，数据透视表函数还可以从多个数据透视表中同时获取数据进行计算。

下面以对"销售统计"工作簿中不同工作表的数据透视表进行统计分析为例，讲解其相关操作。

分析实例 **统计分析多个数据透视表数据**

素材文件	◎素材\Chapter 7\销售统计.xlsx
效果文件	◎效果\Chapter 7\销售统计.xlsx

Step 01 打开"销售统计"素材，在"汇总"工作表的B5单元格中输入"=IFERROR(GETPIVOTDATA(B3&"",INDIRECT(MONTH(A2)&"月!G3"),"商品",$A5),0)"公式，按【Enter】键获取结果，如图7-18所示。

Step 02 ❶选择B5单元格，❷将公式填充至B9单元格，获取5月各个商品的销售数量，如图7-19所示。

图7-18

图7-19

Step 03 在C5单元格中输入"=IFERROR(GETPIVOTDATA(C3&"",INDIRECT(MONTH(A2)&"月!G3"),"商品",$A5),0)"公式，按【Enter】键获取销售额数据，如图7-20所示。

Step 04 ❶选择C5单元格，❷将公式填充至C9单元格，获取5月各个商品的销售数量，如图7-21所示。

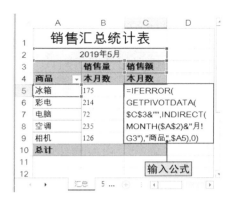

图7-20 　　　　　　　　　　　　　图7-21

Step 05 将各个商品的本月销售量和销售额进行求和，如图7-22所示。

Step 06 选择B2单元格，单击右侧下拉按钮，在下拉列表中即可选择切换到6月和7月统计结果，如图7-23所示。

图7-22

图7-23

Step 07 选择后即可查看6月、7月数据统计结果，如图7-24所示。

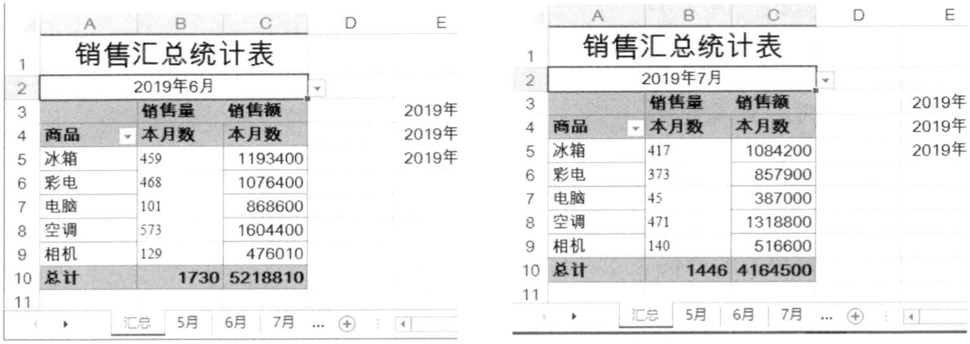

图7-24

7.2.5

使用数据透视表函数应注意的问题以及可用的汇总函数 ____.

在使用数据透视表函数时，用户常会出现数据错误的情况。对此，在使用时应注意下面一些问题。

1.不能在关闭的数据透视表文档中获取或刷新计算数据

在使用数据透视表函数获取数据透视表中的数据时，相应的数据透视表文档必须打开，否则将无法获取正确数据或刷新数据。

用户将使用数据透视表函数取值的文档内容复制到目标工作簿后，如果原数据透视表未打开或不存在的情况下，再打开目标工作簿刷新数据后，所有利用数据透视表函数获取的数据值会变为"#REF!"错误值。

想要解决这一问题，则在需要取值的数据透视表工作簿中使用数据透视表函数即可。

2.数据透视表中可用的汇总函数

除了本章介绍的几种数据透视表函数，其实数据透视表中可用的函数还有很多，例如汇总函数。下面对几种常用的函数进行介绍，如表7-1所示。

表7-1

函数	概述
Sum	统计值的总和，这是用于数值数据的默认函数
Count	求数据值的数量，Count是数字以外数据的默认函数
Average	求值的平均值
Max/Min	最大值/最小值
Product	值的乘积
Count Nums	数字型数据值的数量
StDev	估算总体的标准偏差，其中样本是整个总体计算的子集
StDevp	总体的标准偏差，其中总体是要汇总的所有数据
Var	估算总体的方差，其中样本是整个总体计算的子集
Varp	总体的方差，其中总体是要汇总的所有数据

创建动态数据透视表的方法全掌握

　　用户在创建数据透视表后，当数据透视表中新增或减少行或列的时候，就需要对数据透视表的数据源进行刷新，但这样会比较麻烦。用户可以通过创建动态数据透视表来解决此类问题。

8.1 通过名称创建动态数据透视表

创建动态数据透视表的方法主要有定义名称法、列表创建法以及VBA代码法。

通常情况下，创建数据透视表是通过选择一个已知的区域来进行的，这样创建的数据透视表则会在指定区域显示。定义名称法创建动态数据透视表则是使用公式来定义数据透视表的数据源，实现数据源的动态扩展，从而创建动态数据透视表。

8.1.1 定义名称的方法

在Excel中，可以为单元格或单元格区域定义名称，然后在公式中可以使用名称来代替单元格或单元格区域进行计算。通过它可以快速识别特定单元格区域或使用公式。在Excel中，常用的名称定义方法有3种，分别为通过名称框定义、通过对话框定义和通过所选内容定义。

1. 通过名称框定义名称

通过名称框可以为选择的单元格区域快速定义名称，在选择需要定义名称的单元格区域后，在名称框中输入该区域需要定义的名称，然后按【Enter】键即可，如图8-1所示。

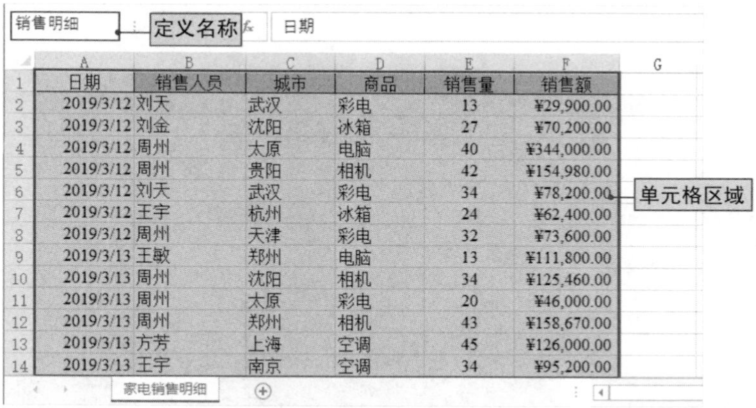

	A	B	C	D	E	F
1	日期	销售人员	城市	商品	销售量	销售额
2	2019/3/12	刘天	武汉	彩电	13	¥29,900.00
3	2019/3/12	刘金	沈阳	冰箱	27	¥70,200.00
4	2019/3/12	周州	太原	电脑	40	¥344,000.00
5	2019/3/12	周州	贵阳	相机	42	¥154,980.00
6	2019/3/12	刘天	武汉	彩电	34	¥78,200.00
7	2019/3/12	王宇	杭州	冰箱	24	¥62,400.00
8	2019/3/12	周州	天津	彩电	32	¥73,600.00
9	2019/3/13	王敏	郑州	电脑	13	¥111,800.00
10	2019/3/13	周州	沈阳	相机	34	¥125,460.00
11	2019/3/13	周州	太原	彩电	20	¥46,000.00
12	2019/3/13	周州	郑州	相机	43	¥158,670.00
13	2019/3/13	方芳	上海	空调	45	¥126,000.00
14	2019/3/13	王宇	南京	空调	34	¥95,200.00

图8-1

2.通过对话框定义

通过名称框虽然是简单、直接的方法，但有些不足之处，不能满足所有用户的需求。如不能修改名称可使用的范围，不能将公式定义到名称中去等。因此，还可以使用通过对话框定义名称。

❶选择要定义名称的单元格，❷在"公式"选项卡"定义的名称"组中单击"定义名称"下拉按钮，选择"定义名称"命令，❸在打开的对话框设置的名称和引用的单元格区域位置或者使用的公式，如图8-2所示。

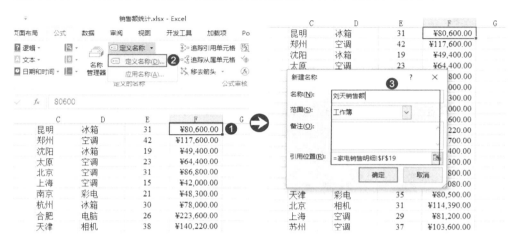

图8-2

3.根据所选内容定义名称

如果需要对连续区域的每行或者每列定义名称，则使用根据所选内容定义名称的方法最为快捷、方便。

下面以为家电销售明细统计表中的每一列定义一个名称为例，讲解其相关操作。

分析实例 为商品销售明细统计表中的每列定义一个名称

素材文件	◎素材\Chapter 8\家电销售明细统计.xlsx
效果文件	◎效果\Chapter 8\家电销售明细统计.xlsx

Step 01 打开"家电销售明细统计"素材，❶选择所有数据单元格，❷在"公式"选项卡"定义的名称"组中单击"根据所选内容创建"按钮，如图8-3所示。

Step 02 ❶在打开的"以选定区域创建名称"对话框中选中"首行"复选框，取消选中"最左列"复选框，❷单击"确定"按钮，如图8-4所示。

图8-3   图8-4

Step 03 单击"名称管理器"按钮即可查看每列创建的名称，如图8-5所示。

图8-5

8.1.2
定义名称的规则

　　名称是一个字符串，但是并不是所有的字符串都可以作为名称。在定义名称时需要注意以下几点，以免在定义名称时遇到不必要的麻烦。

　　◆ 一个名称最多可以包含225个字符。

　　◆ 名称的第一个字符必须是汉字、英文字母、下画线或反斜杠"\"，名称的其他部分可以是汉字、英文字母、数字、句号以及下画线。

　　◆ 名称可以使用以下画线或句点分开的多个单词，如My_Dog、Your.Age等，但名称中不能有空格，如"My Money"就是一个不合法的名称。

　　◆ 名称不能包含空格，如果必须对名称中的字符进行分隔处理，可以使用下画线和句号来分隔。

◆ 名称不能与工作表中的单元格引用相同，而且不能将字母"R、r、C、c"定义为名称，这是因为"R""C"在R1C1引用方式中表示工作表的行和列。

◆ 名称不区分大小写。如果已经创建了名称big，然后又创建了名称BIG，那么第2个名称将替换第1个。

定义名称的使用

定义名称后，用户就可以在工作表中使用名称了。通过名称可以快速选择单元格区域、在公式中手动输入名称、使用名称替换公式中的引用等。

1.利用名称快速选择单元格区域

如果用户已定义了名称，❶那么只需单击名称栏，输入定义好的名称，❷按【Enter】键即可选择与名称对应的单元格区域，如图8-6所示。

	A	B	C	D	E	F
2	2019/3/12 刘天	武汉	彩电		13	29900.00
3	2019/3/12 刘金	沈阳	冰箱		27	70200.00
4	2019/3/12 周州	太原	电脑		40	344000.00
5	2019/3/12 周州	贵阳	相机		42	154980.00
6	2019/3/12 刘天	武汉	彩电		34	78200.00
7	2019/3/12 王宇	杭州	冰箱		24	62400.00
8	2019/3/12 周州	天津	彩电		32	73600.00
9	2019/3/13 王敏	郑州	电脑		13	111800.00
10	2019/3/13 周州	沈阳	相机		34	125460.00
11	2019/3/13 周州	太原	彩电		20	46000.00
12	2019/3/13 周州	郑州	相机		43	158670.00
13	2019/3/13 方芳	上海	空调		45	126000.00

图8-6

2.在公式中手动输入名称

除了可以快速选择单元格区域外，用户还可以在输入公式进行计算时使用名称代替单元格引用，从而提高工作效率，而且还可以使公式更加清晰、明了。

如图8-7所示，在使用公式进行销售总额的计算时，将定义名称作为函数SUM的参数，可以很方便、快捷的计算出总额。

SUM		:	×	✓	fx	=SUM(销售额			
	A	B	C	D	E	F	G	H
1	日期	销售人员	城市	商品	销售量	销售额		
2	2019/3/12	刘天	武汉	彩电	13	29900.00		
3	2019/3/12	刘金	沈阳	冰箱	27	70200.00		
4	2019/3/12	周州	太原	电脑	40	344000.00	=SUM(销售额	
5	2019/3/12	周州	贵阳	相机	42	154980.00	SUM(number1, [number2], ...)	
6	2019/3/12	刘天	武汉	彩电	34	78200.00		
7	2019/3/12	王宇	杭州	冰箱	24	62400.00		
8	2019/3/12	周州	天津	彩电	32	73600.00		
9	2019/3/13	王敏	郑州	电脑	13	111800.00		
10	2019/3/13	周州	沈阳	相机	34	125460.00		
11	2019/3/13	周州	太原	彩电	20	46000.00		
12	2019/3/13	周州	郑州	相机	43	158670.00		
13	2019/3/13	方芳	上海	空调	45	126000.00		
14	2019/3/13	王宇	南京	空调	34	95200.00		

家电销售明细

图8-7

3.将名称粘贴到公式中

如果不想手动输入定义名称，还可以将名称粘贴到公式中去。❶只需在"公式"选项卡"定义的名称"组单击"用于公式"下拉按钮，❷选择需要使用的名称，如这里选择"销售量"选项，如图8-8所示。

也可以按【F3】键，❶在打开的对话框中选择要使用的名称，❷单击"确定"按钮即可，如图8-9所示。

图8-8

图8-9

TIPS *打开"粘贴名称"对话框* 🔍

除了按【F3】键打开"粘贴名称"对话框外，用户还可以直接在"用于公式"下拉菜单中选择"粘贴名称"命令来打开该对话框。

定义名称的修改与删除

在创建定义名称后，还可以修改名称对应的单元格区域或者直接删除定义的名称。

1.修改定义名称

在"公式"选项卡"定义的名称"组中单击"名称管理器"按钮，在打开的对话框中即可对创建的定义名称进行修改，主要有以下两种方法。

◆ 选择需要修改的定义名称，在打开的"编辑名称"对话框中进行修改即可。

◆ 双击需要修改的定义名称，单击"编辑"按钮，在打开的"编辑名称"对话框中即可对其进行修改，如图8-10所示。

图8-10

修改完成后，单击"确定"按钮，即可在返回的"名称管理器"对话框查看修改后的效果，如图8-11所示为将"销售额"修改为"商品销售额"。

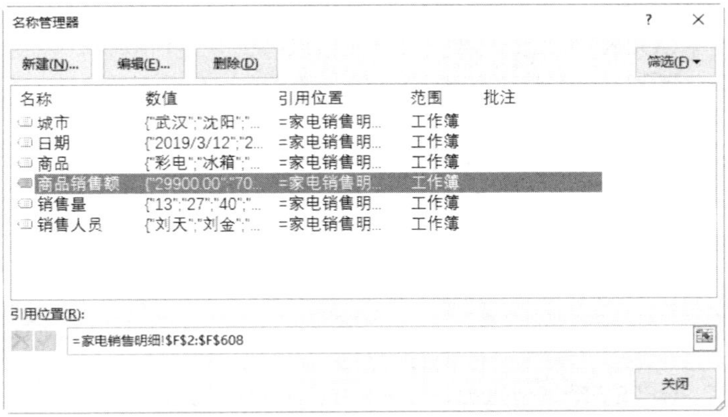

图8-11

2.删除定义名称

对于那些不再需要的定义名称，用户可以将其删除，以免造成不必要的混乱。在"名称管理器"对话框中选择要删除的定义名称，单击"删除"按钮，即可将其删除。如果对多个定义名称删除，则可以利用【Ctrl】键或【Shift】进行多选后，再单击"删除"按钮，即可删除多个名称。

8.1.5
定义动态名称需要使用的两个函数

如果用户需要创建动态数据透视表，首先要将数据源定义为动态名称，在此时则会需要使用到两个函数，分别为COUNTA()函数和OFFSET()函数，下面分别对其进行介绍。

定义动态名称，即是在名称中包含所有有数据的单元格区域，当单元格区域扩展时，名称指定的单元格单位也自动发生变化。想要实现该效果，就需要知道单元格区域行数和列数，这就可以通过COUNTA()函数来完成，其具体的功能和用法如表8-1所示。

表8-1

项目	说明
结构	COUNTA(value1,value2,...)
参数	value1，value2表示要计算非空值个数的1～255个参数，可以直接输入数字、单元格引用或数组
功能	用于计算参数中包含非空值的个数
注意	如果使用单元格引用或数组作为COUNTA()函数的参数，那么COUNTA将统计除空白单元格以外的其他所有值，包括错误值和空文本

在获取了单元格区域的行数和列数后，还需要根据行数和列数引用单元格区域，这时就可以通过一个可以引用单元格区域的OFFSET()函数来实现，其具体的作用和功能如表8-2所示。

表8-2

项目	说明
结构	OFFSET(reference,rows,cols,[height],[width])
参数	reference：作为偏移量参照系的引用区域

续上表

项目	说明
参数	rows：相对于偏移量参照系的左上角单元格，上（下）偏移的行数。如果使用5作为参数rows，则说明目标引用区域的左上角单元格比reference低5行。行数可为正数（代表在起始引用的下方）或负数（代表在起始引用的上方）
	cols：相对于偏移量参照系的左上角单元格，左（右）偏移的列数。如果使用5作为参数cols，则说明目标引用区域的左上角的单元格比reference靠右5列。列数可为正数（代表在起始引用的右边）或负数（代表在起始引用的左边）
	height：高度，即所要返回的引用区域的行数，必须为正数
	width：宽度，即所要返回的引用区域的列数，必须为正数
功能	用于以指定的引用为参照，通过给定偏移量得到新的引用，返回的引用可以是一个单元格、单元格区域，且可以指定返回区域的大小
注意	如果省略参数rows和cols，那么将其作0处理，即新基点和原始基点在同一位置上，OFFSET()函数不发生任何偏移操作

上述两个函数，COUNTA()函数比较简单，OFFSET()函数则比较复杂，其工作原理主要可分为两步。

◆ **第一步：** 对原始基点（reference参数值）进行偏移操作，偏移的方向和距离由rows和cols参数值决定。这两个参数为正数，则向下和向右偏移；两个参数为负数，则向上和向左偏移。

◆ **第二步：** 在确定基点新位置后，通过height和width参数值来确定返回行数和列数的区域。

例如，公式OFFSET(A2,2,3,3,4)表示从单元格A2开始，将单元格A2向下偏移2行，向右偏移3列。此时，以单元格D4为基点，向下扩展3行，向右扩展4列，组成一个3行4列的区域。

8.1.6 根据名称创建动态数据透视表

在了解定义动态名称的两个函数后，用户可以根据动态名称创建动态数据透视表了。

下面以商品销售明细统计表为数据源，创建动态数据透视表为例，讲解其操作。

分析实例 创建商品销售明细的动态数据透视表 —————————

素材文件	◎素材\Chapter 8\商品销售明细统计.xlsx
效果文件	◎效果\Chapter 8\商品销售明细统计.xlsx

Step 01 打开"商品销售明细统计"素材，在"公式"选项卡"定义的名称"组中单击"定义名称"按钮，如图8-12所示。

Step 02 ❶在打开"新建名称"对话框的"名称"文本框中输入"数据源"文本，❷设置"引用位置"公式为"=OFFSET(A1,,,COUNTA($A:$A),COUNTA($1:$1))"，❸单击"确定"按钮，如图8-13所示。

图8-12   图8-13

Step 03 在"插入"选项卡"表格"组单击"数据透视表"按钮，如图8-14所示。

Step 04 ❶打开对话框后单击【F3】键，在"粘贴名称"对话框中选择"数据源"动态名称，❷单击"确定"按钮，如图8-15所示。

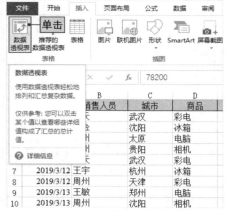

图8-14   图8-15

Step 05 单击"创建数据透视表"对话框的"确定"按钮后，在以动态名称为数据源创建了数据透视表后，在"数据透视表字段"窗格中布局数据透视表，如图8-16所示。

Step 06 切换到"家电销售明细"工作表，录入新的销售记录，如图8-17所示。

图8-16　　　　　　　　　　　　图8-17

Step 07 ❶选择数据透视表任意单元格，❷单击鼠标右键，在弹出的快捷菜单中选择"刷新"命令，即可查看新录入的记录，如图8-18所示。

4 行标签	方芳	刘金	刘天	王敏	王泉	王宇	周州	赵彬	总计
5 北京	957990	373300	77500	816820	536400	720220	999400		4481630
6 贵阳	534700	278240	186400	394980	239410	58800	577580		2270110
7 杭州	502900	487570	513600	925970	701400	336800	1017270		4485510
8 合肥	330610	344500	33600	474500	341200	672800	743200		2940410
9 昆明	413060	511400	80600	625610	70000	161700	922170		2784540
10 南京	359700	288400	509130	1318190	666090	261600	1498660		4901770
11 上海	1153760	430600	532000	511300	426640	241800	753000		4049100
12 沈阳	1292100	494300	172000	915140	1095800	187400	1453460		5610200
13 苏州	493900	275350	412800	208000	271300	58800	636100		2356250
14 太原	1518300	215600	362700	945000	882830	125800	1835220		5885450
15 天津	936970	383300	492660	716600	354900	419600	1255310		4559340
16 武汉	314300	531800	285900	1131000	978500	318000	876100	66655	4502255
17 郑州	758650	909420	200300	1395620	863060	39100	882970		5049120

Sheet1　家电销售明细　⊕

图8-18

8.2　通过列表创建动态数据透视表

在Excel中，列表可以快速地对数据透视表中的数据进行排序、筛选，还可以通过列表扩展，将新增的数据添加到列中去。因此，除了可以利用名称创建动态数据透视表外，用户还可以通过列表来创建动态数据透视表。

8.2.1
创建列表

创建列表的方法主要有通过选项卡按钮插入列表、套用表格样式创建列表和通过快捷键创建列表3种，下面分别进行介绍。

◆ **通过选项卡按钮创建**：❶选择任意数据单元格，❷在"插入"选项卡"表格"组中单击"表格"按钮，在打开的对话框中直接单击"确定"按钮，即可将所选择的单元格设置为列表，如图8-19所示。

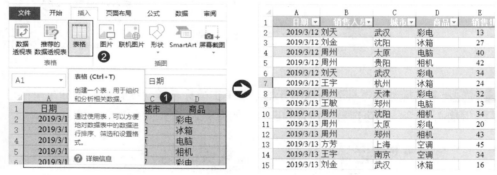

图8-19

◆ **套用表格样式创建**：❶选择任意数据单元格，❷在"开始"选项卡"样式"组中单击"套用表格格式"下拉按钮，为其应用一种表格样式，在打开的对话框中直接单击"确定"按钮，即可将该单元格区域设置为列表，如图8-20所示。

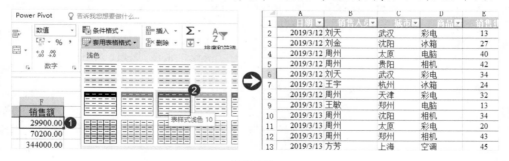

图8-20

◆ 通过快捷键创建列表：❶选择任意数据单元格，❷按【Ctrl+T】或【Ctrl+L】组合键，在打开的对话框中单击"确定"按钮，即可将该单元格区域设置为列表，如图8-21所示。

图8-21

8.2.2 根据列表创建动态数据透视表

在数据源单元格区域创建列表后，就可以以列表作为数据透视表的数据源。用户可以通过扩展列表，将新录入的数据信息添加到数据透视表中。

下面以根据商品物流明细表创建订单分析的动态数据透视表为例，讲解其相关操作。

分析实例 创建物流订单分析的动态数据透视表

素材文件	◎素材\Chapter 8\商品物流明细.xlsx
效果文件	◎效果\Chapter 8\商品物流明细.xlsx

Step 01 打开"商品物流明细"素材，❶选择任意数据单元格，❷在"插入"选项卡"表格"组中单击"表格"按钮，如图8-22所示。

Step 02 在打开的对话框中单击"确定"按钮，如图8-23所示。

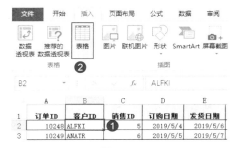

图8-22

图8-23

Step 03 单击"插入"选项卡"表格"组中的"数据透视表"按钮，在打开的对话框中直接单击"确定"按钮，即可以当前列表为数据源创建数据透视表，如图8-24所示。

Step 04 在"数据透视表字段"窗格中进行数据透视表布局，如图8-25所示。

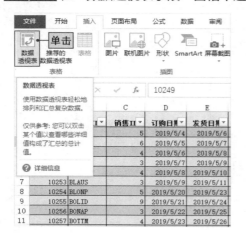

图8-24

图8-25

Step 05 切换到"订单表"工作表，在其中录入新的记录，这时录入的数据会自动包含到列表中去，如图8-26所示。

Step 06 ❶选择数据透视表内任意单元格，❷单击鼠标右键，在弹出的快捷菜单中选择"刷新"命令即可，如图8-27所示。

图8-26

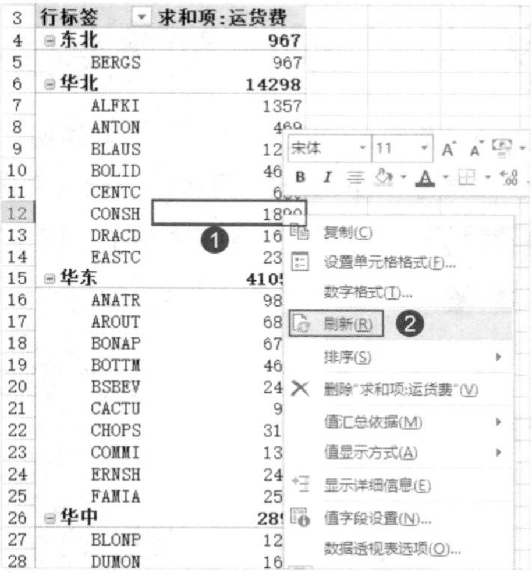

图8-27

多区域的报表
如何创建

在许多时候用户创建数据透视表的数据源并不在同一表格，这时就不能通过在一张工作表创建数据透视表的方法来解决。对此，本章将介绍多区域数据创建数据透视表的方法，来帮助读者对这些数据进行分析。

学习建议与计划

第15天	**创建多重合并计算数据区域的数据透视表** 制作基于多区域的数据透视表 将每个区域作为一个分组创建数据透视表 ……
第16天	**多列文本的列表创建数据透视表** 像数据库一样进行列表区域操作 导入数据还可以添加字段 ……
第17天	**使用Microsoft Query查询创建数据透视表** Microsoft Query查询单个数据列表创建数据透视表 Microsoft Query查询多个数据列表创建数据透视表 记录不一致可以编辑连接方式来确定谁主谁辅
第18天	**其他方式创建数据透视表** 使用文本数据源创建数据透视表 使用公式辅助创建数据透视表

9.1 创建多重合并计算数据区域的数据透视表

当数据源是单张数据列表时，用户可以方便地创建数据透视表进行汇总分析，但如果数据源是多张数据列表，并且这些数据列表存在不同的工作表中，甚至不在同一工作簿中，用户想要进行数据分析就比较麻烦，对于这些麻烦，用户可以通过创建多重合并计算区域的数据透视表来解决。

所谓多重合并计算数据区域的数据透视表就是基于多个数据区域的数据透视表。多重合并计算数据透视表的一个显著特点是，每一个区域都会作为报表筛选字段中的一项，而区域每一页则显示为筛选区域的一个字段。

9.1.1
制作基于多区域的数据透视表

通过多重合并计算的数据透视表，被合并的数据源区域的每张工作表或每个数据源均显示为报表筛选字段中的一项，通过报表筛选字段的下拉列表可以分别显示各张工作表或各个数据源的数据，也可以显示所有工作表和数据源合并计算后的汇总数据。

以在每个工作表中保存一个数据透视表的源区域为例，制作多区域数据透视表应该注意如下所示的一些注意事项。

◆ 各个工作表必须具有相似的数据分类。

◆ 每个工作表的数据区域均应为列表格式，即在第一行为每一列的列标志，第一列为每一行的行标志，相同的列数据类型相同，没有空白数据行。

◆ 数据列表只能够在第一行和第一列中存在文本数据，其余的数据必须为数值数据，否则不能够使用多重合并计算区域创建数据透视表。

◆ 在数据列表中一般不要有汇总数据，如汇总行、汇总列等。

◆ 为了便于数据透视表的更新，最好将数据列表区域设置为列表或创建动态名称，然后以列表名称或者动态名称创建数据透视表。

◆ 合并计算使用自定义页字段，页字段中的项代表一个或者多个工作表源的数据区域。

9.1.2
将每个区域作为一个分组创建数据透视表

将每个区域作为一个分组创建数据透视表，就是单个页字段的多重合并计算区域的数据透视表，即数据透视表上只有一个页字段，而这个页字段的各个项就代表各个工作表。

下面以将"近3个月员工工资数据"工作簿的3个工作表的工资数据进行统计分析为例，讲解其相关操作。

分析实例 统计分析公司员工4～6月的工资数据

素材文件	◎素材\Chapter 9\近3个月员工工资数据.xlsx
效果文件	◎效果\Chapter 9\近3个月员工工资数据.xlsx

Step 01 打开"近3个月员工工资数据"素材，❶依次按【Alt】、【D】和【P】键，在打开的对话框中选中"多重合并计算数据区域"单选按钮，❷单击"下一步"按钮，如图9-1所示。

Step 02 ❶在"数据透视表和数据透视图向导—步骤2a（共3步）"对话框中选中"创建单页字段"单选按钮，❷单击"下一步"按钮，如图9-2所示。

图9-1

图9-2

Step 03 在打开的对话框中单击"选定区域"文本框右侧的折叠按钮，如图9-3所示。

Step 04 ❶在"4月"工作表中选择所有数据区域，❷单击文本框右侧的展开按钮，如图9-4所示。

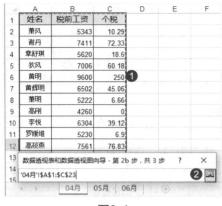

图9-3   图9-4

Step 05 在展开的对话框中单击"添加"按钮，将选定区域添加到"所有区域"列表框中，如图9-5所示。

Step 06 按照同样的方法，将5月、6月的工作表工资数据添加到"所有区域"列表框中，单击"下一步"按钮，如图9-6所示。

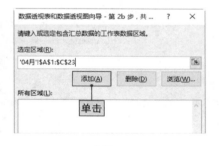

图9-5   图9-6

Step 07 ❶在"数据透视表和数据透视图向导—步骤3（共3步）"对话框中选中"新工作表"单选按钮，❷单击"完成"按钮，如图9-7所示。

图9-7

Step 08 在创建的数据透视表中，❶选择任意单元格，❷在"数据透视表工具 设计"选项卡的"布局"组中单击"总计"下拉按钮，选择"仅对列启用"选项，取消对个税和税前工资汇总，如图9-8所示。

Step 09 完成后即可在数据透视表中查看各个员工在近3个月的工资数据情况，如图9-9所示。

图9-8

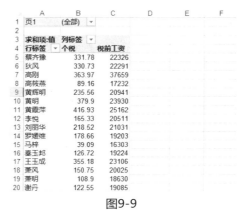
图9-9

TIPS *修改页字段标题和名称* 🔍

在上面的案例中，创建的数据透视表中的页选项依次被命名为"项1、项2......"，页字段也被命名为"页1"。但在实际生活中，如果长时间未使用，就可能忘记其分别代表的是什么。因此，为了方便数据的分析与使用，在创建数据透视表后，用户需要修改页字段的标题和名称。

修改页字段标题的方法十分简单，直接在单元格中进行修改即可，而对于页字段名称的修改，则需要将页字段布局到行字段或者列字段中，然后在单元格中进行逐项修改，最后再重新布局，如图9-10所示为修改前后效果对比。

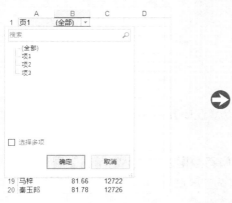

图9-10

9.1.3
创建自定义字段的多重合并数据透视表

所谓创建自定义字段的多重合并数据透视表，就是在数据透视表中有两个或多个页字段，这些页字段一般是用于对数据源区域进行分组。

下面以将公司员工工资报表按年和季度分别进行分析为例，讲解其相关操作。

分析实例 分别按年和季度分析员工工资

素材文件	◎素材\Chapter 9\工资报表.xlsx
效果文件	◎效果\Chapter 9\工资报表.xlsx

Step 01 打开"工资报表"素材，❶依次按【Alt】、【D】和【P】键，在打开对话框中选中"多重合并计算数据区域"单选按钮，❷单击"下一步"按钮，如图9-11所示。

Step 02 ❶在"数据透视表和数据透视图向导—步骤2a（共3步）"对话框中选中"自定义页字段"单选按钮，❷单击"下一步"按钮，如图9-12所示。

图9-11

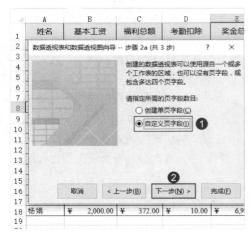

图9-12

Step 03 单击对话框中的折叠按钮，以便在单元格工作表中选择数据源区域，如图9-13所示。

Step 04 选择"2018-7"工作表中的所有数据区域，然后单击"展开"按钮，在返回的对话框中单击"添加"按钮，将选定区域添加到"所有区域"列表框中，如图9-14所示。

图9-13

图9-14

Step 05 使用同样的方法将其他工作表的数据区域依次添加到"所有区域"列表框中，如图9-15所示。

Step 06 在"请先指定要建立在数据透视表中的页字段数目"组中选中"2"单选按钮，如图9-16所示。

图9-15

图9-16

Step 07 ❶选择列表框的第一项，❷在"字段1"组合框中输入"2018"文本，在"字段2"组合框中输入"第三季度"文本，如图9-17所示。

Step 08 使用同样的方法，依次为每一个区域设置页字段数据，重复的数据可以在下拉列表中选择，最后单击"完成"按钮，如图9-18所示。

图9-17

图9-18

Step 09 在创建的数据透视表中，将第一个页字段标题更改为"年份"，第二个页字段标题更改为"季度"，如图9-19示。

	A	B	C	D	E	F	G
1	年份	(全部)					
2	季度	(全部)					
3							
4	求和项：值	列标签					
5	行标签	福利总额	基本工资	奖金总额	考勤扣除	总计	
6	曹密	5580	30000	71093	780	107453	
7	高欢	6696	36000	68267	750	111713	
8	胡艳	6696	36000	77892	550	121138	
9	李小小	5580	30000	59310	610	95500	
10	李孝英	6696	36000	62675	700	106071	
11	刘岩	11160	60000	76879	550	148589	
12	薛敦	5580	30000	61254	570	97404	
13	杨娟	4464	24000	59758	560	88782	
14	杨晓莲	4464	24000	72051	740	101255	
15	余婷	5580	30000	53157	420	89157	
16	岳少峰	11160	60000	49096	470	120726	
17	张伟	6696	36000	58865	740	102301	
18	张英	10044	54000	68067	620	132731	
19	赵杰	5580	30000	63975	670	100225	
20	赵磊	6696	36000	61113	760	104569	
21	钟亭亭	5580	30000	70239	820	106639	
22	钟莹	6696	36000	65415	550	108661	
23	总计	114948	618000	1099106	10860	1842914	
24							

图9-19

在Excel中需要打开"数据透视表和数据透视图向导"对话框除了依次按【Alt】、【D】和【P】键外，用户还可以以任意方式打开"Excel选项"对话框，❶在"快速访问工具栏"选项卡的"从下列位置选择命令"下拉列表框中选择"不在功能区的命令"选项，❷在其下面的列表框中选择"数据透视表和数据透视图向导"选项，❸单击"添加"按钮，❹单击"确定"按钮，将"数据透视表和数据透视图向导"按钮添加到快速访问工具栏，从而直接在快速访问工具栏可以方便、快捷地打开该对话框，如图9-20所示。

图9-20

9.1.4
不同工作簿中的数据也可以合并创建数据透视表

在前面介绍的多重合并计算数据透视表的数据源都是在同一工作簿的不同工作表。其实，在使用数据透视表多重合并计算时，不仅可以对同一工作簿的工作表数据进行，还可以对不同工作簿的工作表数据进行。

下面以将在不同工作簿的5个城市的销售情况汇总，创建数据透视表进行分析为例，讲解其操作。

分析实例 汇总不同工作簿的销售情况

素材文件	◎素材\Chapter 9\销售情况\
效果文件	◎效果\Chapter 9\销售数据分析.xlsx

Step 01 打开"销售情况"文件夹"销售数据分析"和"杭州"工作簿，在"销售数据分析"工作簿中单击快速访问工具栏的"数据透视表和数据透视图向导"按钮，如图9-21所示。

Step 02 ❶在"数据透视表和数据透视图向导—步骤1（共3步）"对话框中选中"多重合并计算数据区域"单选按钮，❷单击"下一步"按钮，如图9-22所示。

图9-21

图9-22

Step 03 ❶在"数据透视表和数据透视图向导—步骤2a（共3步）"对话框中选中"自定义页字段"单选按钮，❷单击"下一步"按钮，如图9-23所示。

Step 04 在"数据透视表和数据透视图向导—步骤2b（共3步）"对话框中单击"选定区域"文本框右侧的"折叠"按钮，如图9-24所示。

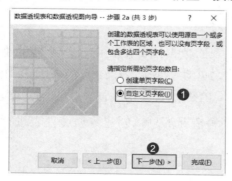

图9-23

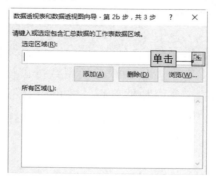

图9-24

Step 05 ❶激活"杭州"工作簿，选择其中的数据区域，❷单击对话框右侧的"展开"按钮，如图9-25所示。

Step 06 在返回的对话框中单击"添加"按钮，将选定区域添加到"所有区域"列表框中，如图9-26所示。

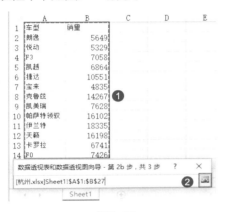

图9-25

图9-26

Step 07 ❶依次将"选定区域"文本框中的工作表名称修改为"南京""石家庄""天津"和"重庆"，❷并逐一单击"添加"按钮，将其添加到"所有区域"列表框中，如图9-27所示。

Step 08 ❶在"请先指定要建立在数据透视表中的页字段数目"栏选中"1"单选按钮，❷依次选择"所有区域"列表框中的选项，❸依次输入对应的城市名称，如图9-28所示。

图9-27

图9-28

Step 09 单击“下一步”按钮，❶在打开的对话框中选中“现有工作表”单选按钮，然后选择工作表中的A1单元格，❷单击“完成”按钮即可，如图9-29所示。

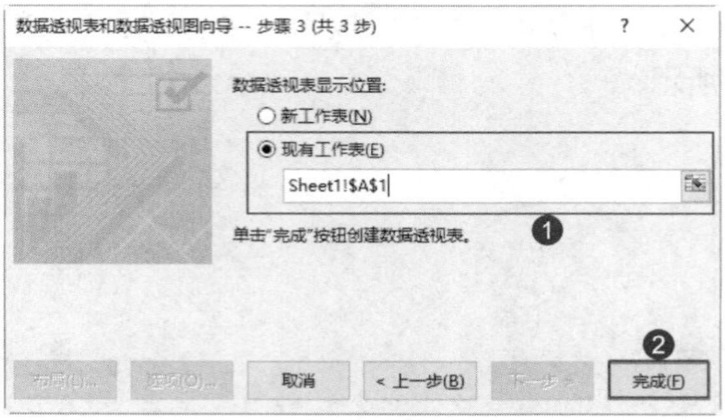

图9-29

Step 10 ❶在创建的数据透视表中，将页字段标题修改为“城市”，❷重新布局数据透视表，其效果如图9-30所示。

行标签	杭州	南京	石家庄	天津	重庆	总计
A6L	19935	10639	3088	10639	19650	63951
CR-V	19998	10210	4524	6210	7344	48286
F0	7426	11515	11818	11515	15077	57351
F3	7058	19078	9430	19078	10488	65132
QQ3	10917	11153	9323	11153	5985	48531
宝来	4835	15544	3378	15544	20521	59822
哈弗H3	14283	10856	4439	10856	24092	64526
捷达	10551	17236	7698	17236	9259	61980
君越	1815	10102	11744	10102	23284	57047
骏捷FRV	17013	8983	14156	8983	19368	68503
卡罗拉	6741	11938	7002	11938	14689	52308
凯美瑞	7628	13252	8563	13252	24877	67572
凯越	6864	18158	3988	18158	21892	69060
克鲁兹	14267	14524	6015	14524	6116	55446
朗逸	5649	9870	1564	14870	15881	47834
骊威	2024	9587	8902	9587	22427	52527
马自达6	11322	9999	8333	7999	11268	48921

图9-30

使用多重合并计算区域创建的数据透视表，如果直接在“数据透视表工具 分析”选项卡“数据”组中单击“更改数据源”按钮则会出现如图9-31所示的提示对话框，因此不能直接单击该按钮更改数据源。

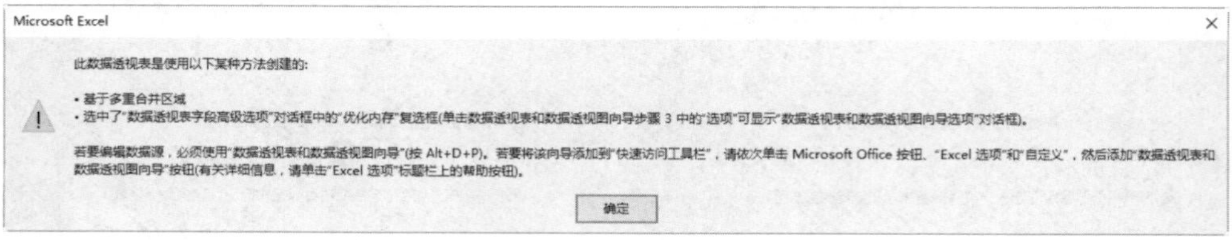

图9-31

TIPS *更改多重合并计算区域创建的数据透视表数据源的方法*

如果用户想要更改多重合并计算区域创建的数据透视表数据源，❶则需要选择数据透视表任意单元格，❷单击"数据透视表和数据透视图向导"按钮，单击"上一步"按钮，❸在"数据透视表和数据透视图向导--步骤2b（共3步）"对话框中进行修改，如图9-32所示。

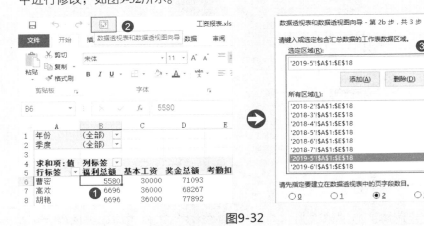

图9-32

9.1.5
创建动态多重合并计算数据区域的数据透视表

在前一章已经介绍过动态数据透视表的创建方法，用户如果为了使多重合并计算数据区域的数据透视表可以随数据源的更新而变化，可以先将数据源设置为动态数据列表，再创建多重合并计算数据区域的数据透视表。主要有通过运用定义名称法和列表法，这里主要介绍使用列表法创建动态多重合并计算数据区域的数据透视表。

下面以将"各城市的销售统计"工作簿的3个工作表通过利用列表自动扩展功能创建多重合并计算数据区域的数据透视表为例，讲解其操作。

分析实例 利用列表功能动态合并各个城市的销售统计

素材文件	◎素材\Chapter 9\各个城市的销售统计.xlsx
效果文件	◎效果\Chapter 9\各个城市的销售统计.xlsx

Step 01 打开"各个城市的销售统计"素材，❶切换到"成都"工作表，选择所有数据行，❷在"开始"选项卡"样式"组中单击"套用表格格式"下拉按钮，❸选择"表样式浅色9"选项，如图9-33所示。

Step 02 ❶在打开的对话框中选中"表包含标题"复选框，❷单击"确定"按钮，如图9-34所示。

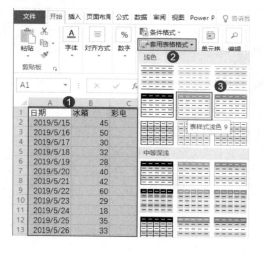

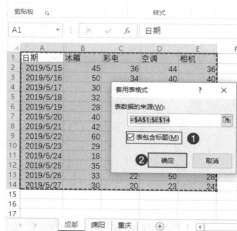

图9-33   图9-34

Step 03 使用同样的方法依次为"绵阳"和"重庆"工作表应用表格样式，单击"数据透视表和数据透视图向导"按钮，如图9-35所示。

Step 04 ❶在打开的对话框中选中"多重合并计算数据区域"单选按钮，❷单击"下一步"按钮，如图9-36所示。

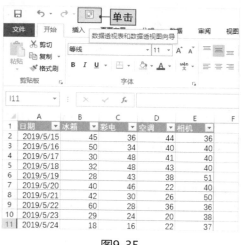

图9-35   图9-36

Step 05 ❶在"数据透视表和数据透视图向导—步骤2a（共3步）"对话框中选中"自定义页字段"单选按钮，❷单击"下一步"按钮，如图9-37所示。

Step 06 ❶在打开的"数据透视表和数据透视图向导—步骤2b（共3步）"对话框中的"选定区域"文本框中输入"表1"，❷单击"添加"按钮，如图9-38所示。

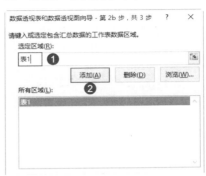

图9-37   图9-38

Step 07 ❶在"请先指定要建立在数据透视表中的页字段数目"栏中选中"1"单选按钮，❷在"字段1"组合框中输入"成都"，如图9-39所示。

Step 08 ❶运用同样的方法依次在"选定区域列表框中输入"表2""表3"，❷单击"添加"按钮，❸并依次在"字段1"组合框中输入"绵阳""重庆"，❹单击"完成"按钮，如图9-40所示。

图9-39   图9-40

Step 09 在创建的数据透视表中，将页字段标题改为"城市"，在"数据透视表字段"窗格中重新布局，如图9-41所示。

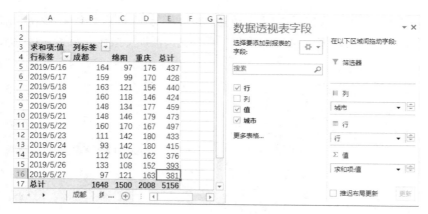

图9-41

9.2 多列文本的列表创建数据透视表

在实际情况中，很多时候数据区域都存在多行或多列的文本数据。对于这类数据，则不能使用多重合并计算区域创建数据透视表。但用户可以通过使用连接的方式将这些列表连接在一起进行分析。不仅如此，用户还可以用SQL语句对连接进行具体设置。

9.2.1
像数据库一样进行列表区域操作

通过连接列表的方式进行数据分析，其实质就是将这些列表看成数据库的表进行操作分析。

下面以分析如图9-42所示的5～6月的销售明细数据为例，讲解其相关操作。

员工编号	姓名	销售日期	规格型号	单价	销售数量	销售数额
0002	刘松	2019/5/1	9500	5300	1	5300
0001	李晨璐	2019/5/3	3100	750	5	3750
0003	程萍	2019/5/5	6170	1770	3	5310
0004	胡冬	2019/5/6	3100	750	6	4500
0002	刘松	2019/5/7	6021	1650	5	8250
0005	张梦	2019/5/9	3100	750	6	4500
0001	李晨璐	2019/5/10	6030	1100	3	3300
0003	程萍	2019/5/10	6030	1100	6	6600
0002	刘松	2019/5/12	8800	7570	1	7570
0001	李晨璐	2019/5/16	6670	2500	2	5000
0002	刘松	2019/5/18	3100	750	6	4500
0004	胡冬	2019/5/18	6030	1100	5	5500
0003	程萍	2019/5/19	6255	1660	2	3320
0005	张梦	2019/5/20	6170	1770	2	3540

图9-42

在连接列表时，一般一次只能连接一个单元格。用户如果想要连接多个区域，则需要使用SQL语句选择多个区域，然后使用Union All关键字将这些数据合并为一个区域。在本例中，可以使用两个Select语句选择5月和6月工作表中的数据，然后使用Union All关键字将两条语句连接起来即可，公式如下所示。

select * from ['5月$']

union all

select * from ['6月$']

TIPS *SQL语句*

SQL语言主要用于存取数据、查询数据、更新数据和管理关系数据库系统，该语言由IBM开发，分为DDL、DML和DCL3种语句。

其写法不区分大小写比较随意，对换行、空格等也没有严格的要求。既可以单独写在一行中，也可以按次序写在不同行中，其结果并没有什么区别。

分析实例 **分析近两月的销售数据**

素材文件	◎素材\Chapter 9\5~6月销售数据.xlsx
效果文件	◎效果\Chapter 9\5~6月销售数据.xlsx

Step 01 打开"5~6月销售数据"素材，在"数据"选项卡"获取外部数据"组中单击"现有连接"按钮，如图9-43所示。

Step 02 在"现有连接"对话框中单击"浏览更多"按钮，如图9-44所示。

图9-43

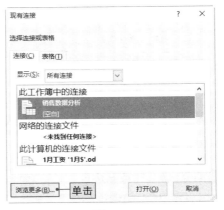

图9-44

Step 03 ❶选择当前工作簿，❷单击"打开"按钮，如图9-45所示。

Step 04 ❶在打开的"选择表格"对话框中选择任意选项，❷单击"确定"按钮，如图9-46所示。

图9-45

图9-46

Step 05 ❶在"导入数据"对话框中选中"数据透视表"单选按钮，❷选中"新工作表"单选按钮，❸单击"属性"按钮，如图9-47所示。

Step 06 ❶在"连接属性"对话框中单击"定义"选项卡，❷在"命令文本"文本框中输入SQL语句，然后单击"确定"按钮，如图9-48所示。

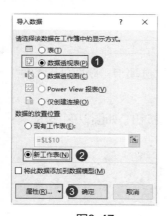

图9-47

图9-48

Step 07 单击"确定"按钮，在"数据透视表字段"窗格中布局数据透视表，如图9-49所示。

Step 08 ❶选择数据透视表值区域任意单元格，单击鼠标右键，❷在弹出的快捷菜单中选择"值汇总依据/求和"命令，如图9-50所示。

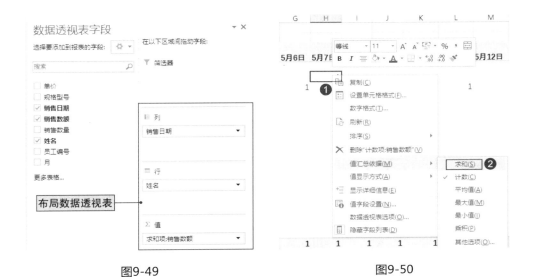

图9-49

图9-50

Step 09 ❶选择数据透视表任意日期单元格，❷在"数据透视表工具 分析"选项卡"分组"组中单击"组字段"按钮，如图9-51所示。

Step 10 ❶在打开的"组合"对话框的"步长"列表框中选择"月"选项，❷单击"确定"按钮，如图9-52所示。

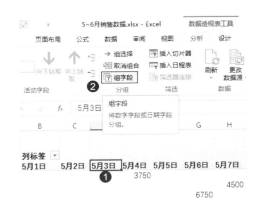

图9-51

图9-52

Step 11 隐藏空白字段，选择B、C和D列，在"开始"选项卡"数字"组修改数字格式为"货币"，如图9-53所示。

Step 12 完成后，即可在数据透视表中查看5月、6月各个销售员的销售数据，如图9-54所示。

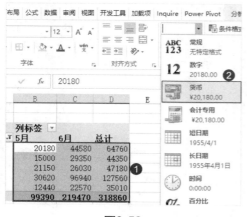

图9-53

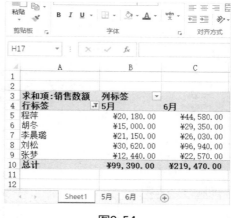

图9-54

9.2.2
导入数据还可以添加字段

前面一节介绍了使用连接+SQL语句创建数据透视表，通过该方法创建的数据透视表中的字段都是数据源中原有的。但在一些时候，用户希望在创建的透视表中添加新的字段，从而来满足更多的数据分析要求。对于这一点，使用连接+SQL语句的方法同样可以实现。

下面以统计部分城市2018年GDP数据并添加区域字段为例，讲解其相关操作。

与上一节的案例相比较，本例中在连接各列表区域时，需添加"区域"字段。在连接各区域时，具体的连接操作是通过SQL语句来完成的。如果需要为区域添加字段只需要在字段名称位置使用如下语句即可。

[字段值] as [字段名]

如这里需要在"华北"工作表区域中添加字段值为"华北"的区域字段，其公式如下。

Select '华北' as 区域,* from [华北$]

分析实例 统计分析各城市GDP时添加区域字段

素材文件	◎素材\Chapter 9\部分城市2018年GDP统计.xlsx
效果文件	◎效果\Chapter 9\部分城市2018年GDP统计.xlsx

Step 01 打开"部分城市2018年GDP统计"素材，单击"现有连接"按钮，如图9-55所示。

Step 02 在打开的对话框中单击"浏览更多"按钮以新建连接，如图9-56所示。

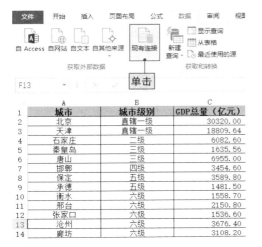

图9-55

图9-56

Step 03 ❶在打开的对话框中选择当前使用的工作簿，❷单击"打开"按钮，如图9-57所示。

Step 04 ❶在"选择表格"对话框中选择任意选项，❷单击"确定"按钮，如图9-58所示。

图9-57

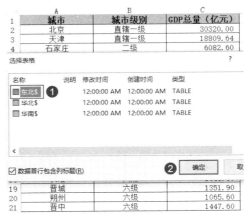

图9-58

Step 05 ❶在"导入数据"对话框中选中"数据透视表"和❷"新工作表"单选按钮，❸单击"属性"按钮，如图9-59所示。

Step 06 ❶在打开的对话框中单击"定义"选项卡，❷在"命令文本"文本框中输入SQL语句，如图9-60所示。

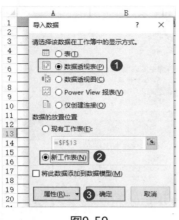

图9-59

图9-60

Step 07 依次单击"确定"按钮，在"数据透视表字段"窗格中布局数据透视表，如图9-61所示。

Step 08 使用手动排序的方法，调整"城市级别"字段数据项之间的顺序，如图9-62所示。

图9-61

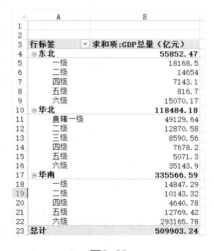

图9-62

有选择性地导入数据字段

在数据分析时并不是所有数据都会使用到。因此，对于那些没有实际分析价值的数据，用户可以有选择性地导入。

在如图9-63所示的开票明细表中，用户在进行数据分析时并不是所有的数据都需要进行分析。因此，要有选择性地导入数据，对于那些没有分析价值的数据则不需要导入。

	A	B	C	D	E	F	G	H	I	J
1	张数	日期	客户名称	商品名称	规格型号	计量单位	数量	不含税单价	不含税金额	税率
2	1	2019/5/1	××市好味道责任公司	3层实心卷纸	1*10*900	件	6520	¥ 8.34	¥ 54,345.69	0.13
3	2	2019/5/2	××信得过家具有限公司	装饰纸	1240	吨	6	¥ 8,496.30	¥ 50,977.78	0.13
4	3	2019/5/3	××筑梦办公设备有限责任公司	装饰纸	1240	吨	1	¥10,315.38	¥ 10,315.38	0.13
5	4	2019/5/4	××欢乐购物中心有限责任公司	卫生纸	1*8	吨	1	¥ 8,653.85	¥ 8,653.85	0.13
6	5	2019/5/5	××家具有限公司	装饰纸	1240	吨	25	¥ 6,838.22	¥ 170,955.56	0.13
7	6	2019/5/6	××市好木业	装饰纸	1240	吨	10	¥ 8,561.11	¥ 85,611.11	0.13
8	7	2019/5/7	××市教育器材厂	装饰纸	1240	吨	15	¥17,183.36	¥ 257,750.43	0.13
9	9	2019/5/8	××赵林彩色印刷有限公司	装饰纸	1240	吨	23	¥ 9,317.28	¥ 214,297.44	0.13
10	9	2019/5/9	××章林彩色印刷有限公司	装饰纸	1240	吨	26	¥ 8,205.52	¥ 213,343.59	0.13
11	11	2019/5/10	××市很能吃集团公司	3层实心卷纸	1*8	件	30	¥ 184.27	¥ 5,528.21	0.13
12	12	2019/5/11	××三环装饰材料制造有限公司	装饰纸	1240	吨	18	¥ 9,503.13	¥ 171,056.41	0.13
13	13	2019/5/12	××三环装饰材料制造有限公司	装饰原纸	1240	吨	12	¥ 7,286.61	¥ 87,439.32	0.13

2019-5 2019-6 ＋

图9-63

在本例中只需要导入"计量单位""数量""不含税单价""税率""商品名称""客户名称""日期"和"规格型号"数据字段即可。

其解决方法与上一节案例类似，只需在连接各区域的时候依次罗列这些字段名即可，如图9-64所示。

图9-64

单击"确定"按钮，在"数据透视表字段"窗格对数据透视表进行布局，即可得到指定数据字段的统计结果，如图9-65所示。

图9-65

9.2.4
数据分析是自动排除重复项

在使用数据透视表进行计数统计时，不论数据是否重复，每一条记录都会被默认视为一个统计数据。但在许多情况下是不合适的，如需要统计每周每个员工的工作项数，则使用计数统计就不合适。

在如图9-63的素材中，如果需要统计想要统计客户购买的商品种数和购买商品的客户数。其方法类似，只需要在数据源表格中选择"客户名称"和"商品名称"两个字段，再使用union关键字连接两个区域即可，如图9-66所示。

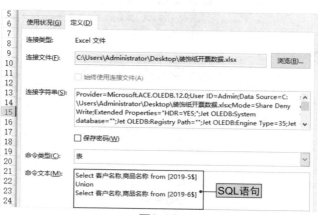

图9-66

最后对数据透视表进行分别布局即可查看客户购买的商品种数和购买商品的客户数，如图9-67所示。

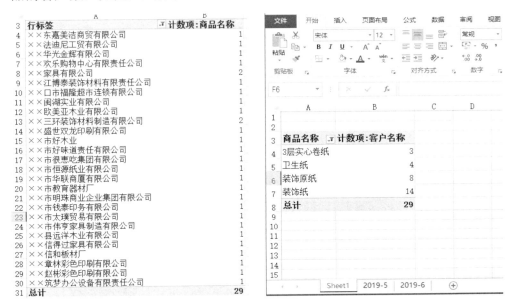

图9-67

使用SQL语句选择多个区域中的不重复数据，除了上面的语句外，用户还可以使用Distinct关键字来实现，如在上面的问题中使用该关键字的SQL语句如下。

Select Distinct * from

Select 客户名称,商品名称 from [2019-5$]

Union all

Select 客户名称,商品名称 from [2019-6$]）

这种方法选择使用的SQL语句虽然较长，但是一般情况下，该方法的效率要高于前面采用的方法。

9.3　使用Microsoft Query查询创建数据透视表

Microsoft Query是由Microsoft Office提供的一个查询工具。它使用SQL语句生成查询语句，并将其传输给数据源，从而更准确地从外部数据源中导入匹配条件的数据到Excel中。运用Microsoft Query可以将不同工作表，甚至不同工作簿的多个Excel数据列表进行汇总分析。

9.3.1
Microsoft Query查询单个数据列表创建数据透视表

在使用Excel记录数据时，对于一些外部数据源，用户可以通过Microsoft Query导入数据创建数据透视表进行分析。

下面以对外部数据销售合同明细使用数据透视表进行汇总分析为例，讲解其操作。

分析实例 销售合同汇总分析

素材文件	◎素材\Chapter 9\销售合同明细.xlsx
效果文件	◎效果\Chapter 9\销售合同明细.xlsx

Step 01 打开"销售合同明细"素材，❶在"数据"选项卡中"获取外部数据"组中单击"自其他来源"下拉按钮，❷选择"来自Microsoft Query"命令，如图9-68所示。

Step 02 ❶在打开的对话框中选择"Excel Files*"选项，❷单击"确定"按钮，如图9-69所示。

图9-68

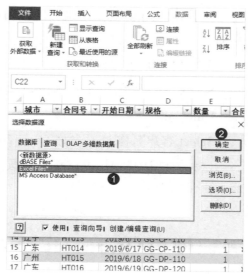

图9-69

Step 03 ❶在"选择工作簿"对话框中选择"销售合同明细"素材，❷单击"确定"按钮,如图9-70所示。

Step 04 将"可用的表和列"中需要使用的列添加到"查询结果中的列"列表框中,然后单击"下一步"按钮,如图9-71所示。

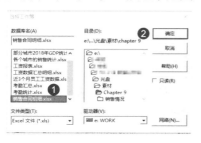

图9-70

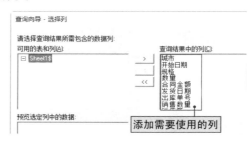

图9-71

Step 05 依次单击"下一步"按钮,❶在"查询向导-完成"对话框中选中"在Microsoft Query中查看数据或编辑查询"单选按钮,❷单击"完成"按钮,如图9-72所示。

图9-72

Step 06 在打开的对话框中单击"将数据返回到Excel"按钮,如图9-73所示。

图9-73

Step 07 ❶在"导入数据"对话框中选中"数据透视表"和❷"新工作表"单选按钮，❸单击"确定"按钮，如图9-74所示。

Step 08 在"数据透视表字段"窗格布局数据透视表，如图9-75所示。

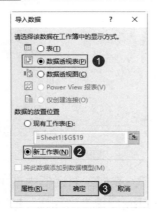

图9-74

图9-75

Step 09 完成后即可查看销售合同详细数据统计，如图9-76所示。

	A	B	C	D	E	F	G
3	城市	规格	求和项:合同金额	求和项:数量	求和项:销售数量	求和项:销售额	求和项:累计付款
4	⊟广东		300000	2	2	300000	300000
5		GG-CP-110	100000	1	1	100000	100000
6		GG-DP-120	200000	1	1	200000	200000
7	⊟广州		390000	2	2	390000	370000
8		GG-CP-110	300000	1	1	300000	280000
9		GG-DP-110	90000	1	1	90000	90000
10	⊟贵州		330000	2	2	330000	330000
11		GG-DP-110	100000	1	1	100000	100000
12		GG-DP-120	230000	1	1	230000	230000
13	⊟黑龙江		150000	1	1	150000	140000
14		GG-CP-110	150000	1	1	150000	140000
15	⊟江苏		250000	1	1	250000	250000
16		GG-DP-110	250000	1	1	250000	250000
17	⊟辽宁		228000	2	2	228000	220000
18		GG-CP-110	228000	2	2	228000	220000
19	⊟山西		410000	2	2	410000	410000

图9-76

9.3.2
Microsoft Query查询多个数据列表创建数据透视表

在进行数据统计分析时，经常会遇到数据源不在同一工作表甚至工作簿中，且这些数据之间存在公共的字段。对于这种情况，用户可以通过Microsoft Query导入数据创建数据透视表进行数据分析。

使用Excel自带的Microsoft Query工具从多个关联的数据透视表中查询出数据，然后再以这些数据创建数据透视表即可。

下面以将"工资数据汇总明细"工作簿中的3张工作表汇总分析为例,讲解其操作。

分析实例 员工工资数据分析

素材文件	◎素材\Chapter 9\工资数据汇总明细.xlsx
效果文件	◎效果\Chapter 9\工资数据汇总明细.xlsx

Step 01 打开"工资数据汇总明细"素材,❶单击"数据"选项卡中的"自其他来源"下拉按钮,❷选择"来自Microsoft Query"选项,如图9-77所示。

Step 02 ❶在打开的对话框中选择"Excel Files*"选项,❷单击"确定"按钮,如图9-78所示。

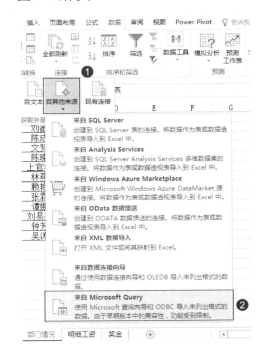

图9-77

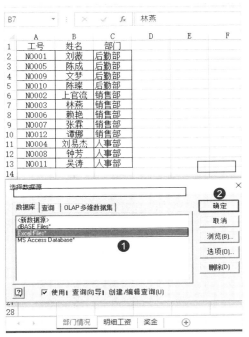

图9-78

Step 03 ❶在"选择工作簿"对话框中选择当前工作簿,❷单击"确定"按钮,如图9-79所示。

Step 04 在"查询向导-选择列"对话框中,将各表中需要使用的列添加到"查询结果中的列"列表框中,单击"下一步"按钮,如图9-80所示。

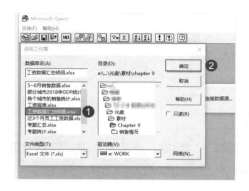

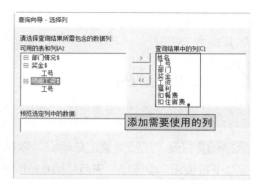

图9-79 图9-80

Step 05 在打开的对话框中单击"确定"按钮，进入人工创建表连接界面，如图9-81所示。

图9-81

Step 06 在打开的对话框中，拖动"工号"字段名称，将各表中的"工号"字段连接在一起，关闭对话框，如图9-82所示。

姓名	工号	部门	奖金	工资
上官流	NO002	销售部	388.0000	5677.0000
谭娜	NO012	销售部	470.0000	6065.0000
林燕	NO003	销售部	675.0000	4527.0000
刘薇	NO001	后勤部	798.0000	5716.0000
陈成	NO005	后勤部	347.0000	4690.0000
赖艳	NO006	销售部	552.0000	4259.0000
吴涛	NO011	人事部	716.0000	4263.0000
张霖	NO007	销售部	757.0000	7782.0000
钟芳	NO008	人事部	511.0000	4951.0000
文梦	NO009	后勤部	593.0000	3363.0000
陈琛	NO010	后勤部	634.0000	3629.0000
刘易杰	NO004	人事部	429.0000	5204.0000

图9-82

Step 07 ❶在打开的"导入数据"对话框中选中"数据透视表"单选按钮，❷选中"新工作表"单选按钮，❸单击"确定"按钮，如图9-83所示。

Step 08 在"数据透视表字段"窗格中进行数据透视表布局，使用数据透视表对工资数据进行分析，如图9-84所示。

图9-83

图9-84

Step 09 选择B到F列，在"开始"选项卡"数字"组中单击右下侧的"数字格式"下拉按钮，选择"会计专用"命令，如图9-85所示。

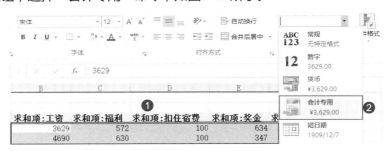

图9-85

Step 10 完成后，即可在数据透视表中查看员工的工资数据明细情况，如图9-86所示。

行标签	求和项:工资	求和项:福利	求和项:扣住宿费	求和项:奖金	求和项:扣餐费
陈璨	¥ 3,629.00	¥ 572.00	¥ 100.00	¥ 634.00	¥ 147.00
陈成	¥ 4,690.00	¥ 630.00	¥ 100.00	¥ 347.00	¥ 132.00
赖艳	¥ 4,259.00	¥ 212.00	¥ 100.00	¥ 552.00	¥ 135.00
林燕	¥ 4,527.00	¥ 903.00	¥ 100.00	¥ 675.00	¥ 126.00
刘薇	¥ 5,716.00	¥ 563.00	¥ 100.00	¥ 798.00	¥ 120.00
刘易杰	¥ 5,204.00	¥ 602.00	¥ 100.00	¥ 429.00	¥ 129.00
上官流	¥ 5,677.00	¥ 479.00	¥ 100.00	¥ 388.00	¥ 123.00
谭娜	¥ 6,065.00	¥ 176.00	¥ 100.00	¥ 470.00	¥ 153.00
文梦	¥ 3,363.00	¥ 813.00	¥ 100.00	¥ 593.00	¥ 144.00
吴涛	¥ 4,263.00	¥ 104.00	¥ 100.00	¥ 716.00	¥ 150.00
张霖	¥ 7,782.00	¥ 652.00	¥ 100.00	¥ 757.00	¥ 138.00
钟芳	¥ 4,951.00	¥ 713.00	¥ 100.00	¥ 511.00	¥ 141.00
总计	¥ 60,126.00	¥ 6,419.00	¥ 1,200.00	¥ 6,870.00	¥ 1,638.00

图9-86

TIPS *没有修改权限的只读*

在使用Microsoft Query工具创建数据透视表时，如果在"选择工作簿"对话框中选择工作簿后，单击"确定"按钮后弹出"数据中没有包含可见的表格"提示框，❶则单击"确定"按钮后，❷在"查询向导-选择列"对话框中单击"选项"按钮，❸在打开的"表选项"对话框中选中"系统表"复选框，❹单击"确定"按钮即可，如图9-87所示。

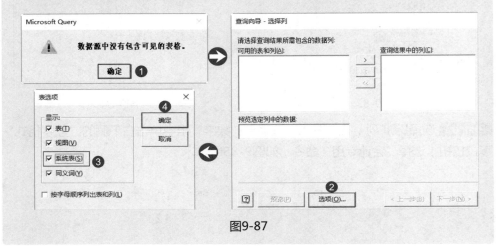

图9-87

9.3.3
记录不一致可以编辑连接方式来确定谁主谁辅

在对多个相关联的数据表进行分析时，用作连接多个表的字段可以称之为主键（对于当前表）或外键（对于连接表）。如果连接的两个表的主键和外键并不能够完全对应，就可能会出现有些值只在主键中存在、有些值只在外键中存在的情况。要解决这类情况，则需要使用编辑来连接确定怎么样连接这些数据。

下面以根据"考勤统计"工作簿的工作表表中的数据汇总所有员工的考勤情况为例，讲解其相关操作。

分析实例 **统计分析员工缺勤情况**

素材文件	◎素材\Chapter 9\考勤统计.xlsx
效果文件	◎效果\Chapter 9\考勤统计.xlsx

Step 01 打开"考勤统计"素材，❶单击"数据"选项卡的"获取外部数据"组

中的 "自其他来源" 下拉按钮，❷选择 "来自Microsoft Query" 选项，如图9-88所示。

Step 02 在❶ "选择数据源" 对话框中选择 "Excel Files*" 选项，❷单击 "确定" 按钮，如图9-89所示。

图9-88

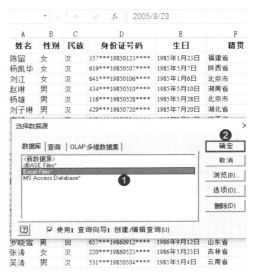

图9-89

Step 03 ❶在打开的对话框中选择当前使用的 "考勤统计" 工作簿，❷单击 "确定" 按钮，如图9-90所示。

Step 04 ❶在 "查询向导-选择列" 对话框添加多个表中的所需字段到 "查询结果中的列" 列表框中，❷单击 "下一步" 按钮，如图9-91所示。

图9-90

图9-91

Step 05 在打开的对话框中单击 "确定" 按钮，进入人工创建表连接界面，如图9-92所示。

图9-92

Step 06 在打开的对话框中将"缺勤"表中的"姓名"字段拖动到"员工信息"表中的"姓名"字段，连接两个表格，如图9-93所示。

Step 07 双击两个"姓名"字段之间的连接线，❶在打开的对话框中选中第3个单选按钮，该选项表示选择"员工信息"表中的所有值和"考勤"表中的部分记录，单击"添加"按钮，如图9-94所示。

图9-93

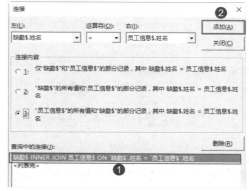

图9-94

Step 08 ❶依次关闭对话框，在打开的"导入数据"对话框中选中"数据透视表"和"新工作表"单选按钮，❷单击"确定"按钮，如图9-95所示。

图9-95

Step 09 在"数据透视表字段"窗格中布局数据透视表，如图9-96所示。

Step 10 ❶在数据透视表值区域，单击鼠标右键，❷在打开的快捷菜单"值汇总依据"下拉列表中选择"求和"命令，如图9-97所示。

图9-96 图9-97

Step 11 ❶单击"行标签"单元格右侧的下拉按钮，❷在打开的筛选面板中取消选中"（空白）"复选框，❸单击"确定"按钮，如图9-98所示。

Step 12 直接按【Ctrl+H】组合键，❶在打开的对话框"查找内容"文本框输入"求和项："文本，❷在"替换为"文本框中输入一个空格，❸单击"全部替换"按钮，如图9-99所示。

图9-98 图9-99

Step 13 关闭对话框，完成后即可在数据透视表中查看各个员工的具体缺勤情况，如图9-100所示。

行标签	早退	病假	事假	迟到
陈丽丽	0	0	0	0
陈留	0	0	1	3
冯华	1	1	1	2
何玉	1	0	1	3
刘宇	0	0	2	1
罗强	0	0	0	0
罗晓雪	1	1	1	1
王明	1	1	2	1
王强	0	0	0	0
杨凯华	1	1	1	1
杨雄	0	0	1	2
赵琳	1	1	1	2
郑宏	0	1	2	2
总计	6	6	13	18

图9-100

9.4 其他方式创建数据透视表

除了前面介绍的几种方法之外，用户还可以使用文本数据源创建数据透视表、使用公式辅助创建数据透视表。

9.4.1
使用文本数据源创建数据透视表

在一些时候，可能实际使用的文件类型为纯文本格式（*.TXT或者*.CSV），在对这些数据进行分析时，就需要使文本文件作为可动态更新的外部数据源来创建数据透视表。

下面以根据文本类型（*.TXT）的产品统计数据创建数据透视表为例来讲解其相关操作，其具体操作如下。

分析实例 使用文本文件创建数据透视表

素材文件	◎素材\Chapter 9\产品统计.txt
效果文件	◎效果\Chapter 9\产品统计.xlsx

Step 01 这里以windows 10系统为例，❶在任务栏左侧的搜索框中输入"控制面板"文本，❷在弹出的菜单中双击"控制面板"命令，如图9-101所示。

Step 02 依次单击"系统安全""管理工具"超链接，在"管理工具"面板双击"ODBC 数据源"命令（这里选择32位），如图9-102所示。

图9-101   图9-102

Step 03 在打开的对话框中直接单击"添加"按钮,如图9-103所示。

图9-103

Step 04 ❶在"创建新数据源"对话框中选择"Microsoft Text Driver(*.txt; *.csv)"选项作为驱动程序,❷单击"完成"按钮,如图9-104所示。

Step 05 ❶在打开的对话框的"数据源名"文本框中输入"数据透视表文本数据源"文本,❷在"说明"文本框中输入"产品统计"文本,❸取消选中"使用当前目录"复选框,❹单击"选择目录"按钮,如图9-105所示。

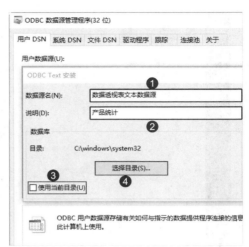

图9-104   图9-105

Step 06 ❶在"选择目录"对话框中选择"产品统计.txt"文件所在目录，❷单击"确定"按钮，如图9-106所示。

Step 07 ❶在返回的对话框中单击"选项"按钮，❷取消选中"默认（*.*）"复选框，❸在"扩展名列表"列表框中选择"*.txt"选项，❹单击"定义格式"按钮，如图9-107所示。

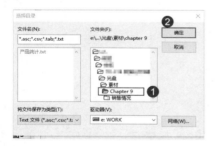

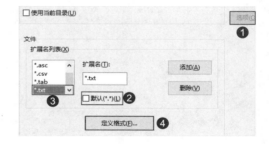

图9-106   图9-107

Step 08 ❶在"定义Text格式"对话框中，选择"产品统计"选项，❷选中"列名标题"复选框，❸在"格式"下拉列表框中选择"Tab分隔符"选项，单击"猜测"按钮，如图9-108所示。

Step 09 ❶在"列"列表框框中选择"产品"选项，❷在"数据类型"下拉列表框中选择"LongChar"选项，❸单击"修改"按钮，如图9-109所示。

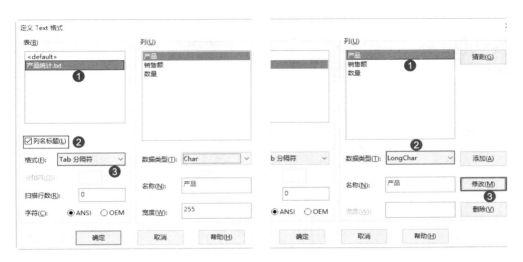

图9-108   图9-109

Step 10 ❶使用同样的方法，设置"销售额"和"数量"的数据类型为"Float"，❷依次单击"确定"按钮关闭对话框，如图9-110所示。

图9-110

Step 11 ❶在Excel中新建工作簿"产品统计"，选择工作表中任意单元格，❷在"插入"选项卡"表格"组单击"数据透视表"按钮，如图9-111所示。

Step 12 ❶在打开的对话框中选中"使用外部数据源"单选按钮，❷单击"选择连接"按钮，如图9-112所示。

图9-111 图9-112

Step 13 在"现有连接"对话框中单击"浏览更多"按钮，如图9-113所示。

Step 14 在打开的对话框中单击"新建源"按钮，如图9-114所示。

图9-113 图9-114

Step 15 ❶在"数据连接向导"对话框中选择"ODBC DSN"选项，❷单击"下一步"按钮，如图9-115所示。

Step 16 ❶在打开的对话框中选择"数据透视表文本数据源"选项，❷单击"下一步"按钮，如图9-116所示。

图9-115

图9-116

Step 17 在打开对话框中直接单击"完成"按钮，在返回的"创建数据透视表"对话框中直接单击"确定"按钮，如图9-117所示。

图9-117

Step 18 在"数据透视表字段"窗格中进行数据透视表布局，布局后即可查看各个产品的销售统计记录，如图9-118所示。

图9-118

9.4.2

使用公式辅助创建数据透视表

前面介绍的几种创建数据透视表的方法都与常规的、以单一数据区域创建数据透视表的方法有所不同。如果用户不习惯那种方法，也可以通过公式辅助将其汇总在一起，然后再以此为数据源创建数据透视表。

下面以使用公式辅助将"考勤汇总"工作簿中两个工作表的数据汇总后创建数据透视表为例，讲解其操作。

分析实例 使用公式辅助创建数据透视表分析考勤情况

| 素材文件 | ◎素材\Chapter 9\考勤汇总.xlsx |
| 效果文件 | ◎效果\Chapter 9\考勤汇总.xlsx |

Step 01 打开"考勤汇总"素材，❶在"员工信息"工作表中输入缺勤项目名称，❷在H2单元格中输入公式获取员工考勤结果，如图9-119所示。

Step 02 拖动H2单元格右下角填充柄，填充所有缺勤结果，如图9-120所示。

F	G	H	I	J	K
联系电话	部门	迟到	早退	事假	病假
1304019****	行政中心	=IFERROR(VLOOKUP($A2,缺勤统计!			
1326943****	厂务部	Print_Area,COLUMN(B$2),FALSE),0)			
1329520****	采购部				
1323519****	厂务部				
1368444****	采购部				
1349547****	厂务部				
1361987****	销售部				
1395020****	厂务部				
1394757****	厂务部				
1367850****	厂务部				
1320336****	厂务部				
1306705****	厂务部				
1375981****	销售部				
1381286****	厂务部				
1354590****	总务部				
1309891****	厂务部				
1350061****	厂务部				
1384141****	厂务部				
1348740****	厂务部				
1385896****	销售部				
1392858****	厂务部				

图9-119

F	G	H	I	J	K
联系电话	部门	迟到	早退	事假	病假
1304019****	行政中心	3	0	1	
1326943****	厂务部	1	1	1	
1329520****	采购部	0	0	0	
1323519****	厂务部	2	1	1	
1368444****	采购部	2	0	1	
1349547****	厂务部	0	0	0	
1361987****	销售部	0	0	0	
1395020****	厂务部	0	0	0	
1394757****	厂务部	3	1	1	
1367850****	厂务部	0	0	0	
1320336****	厂务部	1	0	2	
1306705****	厂务部	2	1	1	
1375981****	销售部	0	0	0	
1381286****	厂务部	1	1	2	
1354590****	总务部	0	0	0	
1309891****	厂务部	0	0	0	
1350061****	厂务部	2	0	2	
1384141****	厂务部	0	0	0	
1348740****	厂务部	1	1	1	
1385896****	销售部	0	0	0	
1392858****	厂务部	0	0	0	

图9-120

Step 03 ❶选择任意单元格，❷在"插入"选项卡"表格"组中单击"数据透视表"按钮，如图9-121所示。

Step 04 在打开的"创建数据透视表"对话框中直接单击"确定"按钮，如图9-122所示。

图9-121 　　　　　　　　　　　　　　　图9-122

Step 05 在 "数据透视表字段" 窗格中布局数据透视表，将所需的字段添加到报表中，如图9-123所示。

Step 06 按【Ctrl+H】组合键，在打开的对话框中设置查找和替换参数，将 "求和项：" 文本替换为一个空格，如图9-124所示。

图9-123 　　　　　　　　　　　　　　　图9-124

Step 07 完成后，即可在数据透视表中查看各个员工的缺勤详细情况，如图9-125所示。

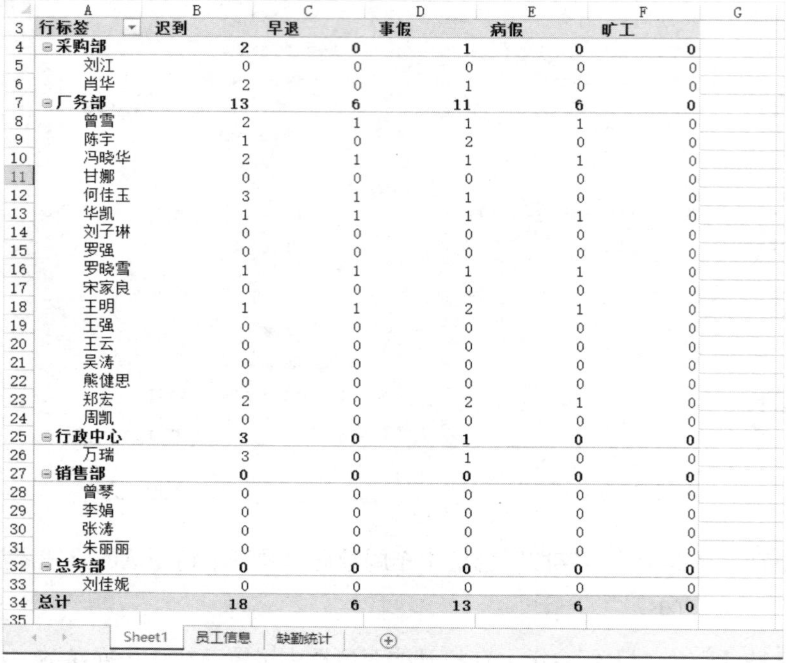

行标签 ▼	迟到	早退	事假	病假	旷工	
⊟ 采购部	2	0	1	0	0	
刘江	0	0	0	0	0	
肖华	2	0	1	0	0	
⊟ 厂务部	13	6	11	6	0	
曾雪	2	1	1	1	0	
陈宇	1	0	2	0	0	
冯晓华	2	1	1	1	0	
甘娜	0	0	0	0	0	
何佳玉	3	1	1	0	0	
华凯	1	1	1	1	0	
刘子琳	0	0	0	0	0	
罗强	0	0	0	0	0	
罗晓雪	1	1	1	1	0	
宋家良	0	0	0	0	0	
王明	1	1	2	1	0	
王强	0	0	0	0	0	
王云	0	0	0	0	0	
吴涛	0	0	0	0	0	
熊健思	0	0	0	0	0	
郑宏	2	0	2	1	0	
周凯	0	0	0	0	0	
⊟ 行政中心	3	0	1	0	0	
万瑞	3	0	1	0	0	
⊟ 销售部	0	0	0	0	0	
曾琴	0	0	0	0	0	
李娟	0	0	0	0	0	
张涛	0	0	0	0	0	
朱丽丽	0	0	0	0	0	
⊟ 总务部	0	0	0	0	0	
刘佳妮	0	0	0	0	0	
总计	18	6	13	6	0	

Sheet1 | 员工信息 | 缺勤统计 ⊕

图9-125

透视表数据的图形化展示

俗话说："文不如表，表不如图"。在进行分析数据时，除了使用数据透视表对数据整理分析外，还可以创建数据透视图，将数据图形化，以便更直观地展示数据结果。与数据透视表一样，数据透视图也可以动态地布局和显示数据，是一种动态图表。

学习建议与计划

图形化报表的方法

第19天
创建数据透视图
创建迷你图

数据透视图的基本操作

第20天
移动数据透视图
调整数据透视图的大小
更改数据透视图的数据系列格式
……

数据透视图布局的修改

第21天
数据透视图的结构布局
合理使用图表元素
……

数据透视图的应用

第22天
使用图表模板
保留数据透视图的分析结果
……

10.1 图形化报表的方法

一些时候数据透视表不能直观地反映数据的变化情况，因此就需要将报表进行图形化展示。主要可以通过创建数据透视图和迷你图两种方法来实现。

10.1.1
创建数据透视图

数据透视图的创建方法与数据透视表类似，主要包括根据数据透视表创建数据透视图、根据数据源创建数据透视表和根据向导创建数据透视图3种方法。

1.根据数据透视表创建数据透视图

一般情况下，图表都是对报表的数据结果进行展示。如果需要对使用数据透视表分析的结果进行展示，则可以在完成数据透视表的基础上创建数据透视图。

下面以根据销售分析数据透视表创建数据透视图展示各个员工的销售额为例讲解其操作，其具体操作如下。

分析实例 使用图表分析各个员工的销售额

素材文件	◎素材\Chapter 10\商品销售额统计.xlsx
效果文件	◎效果\Chapter 10\商品销售额统计.xlsx

Step 01 打开"商品销售额统计"素材，❶选择数据透视表中任意单元格，❷在"数据透视表工具 分析"选项卡"工具"组中单击"数据透视图"按钮，如图10-1所示。

图10-1

Step 02 在打开的"插入图表"对话框中选择需要的图表类型，单击"确定"按钮即可完成数据透视图的创建，如图10-2所示。

Step 03 完成后即可在工作中查看图形化的报表，如图10-3所示。

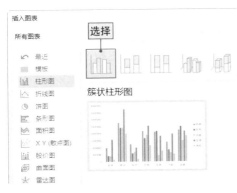

图10-2

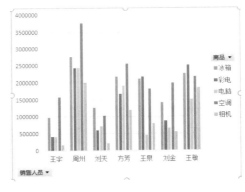

图10-3

TIPS 通过"插入"选项卡创建数据透视图

在上例中除了在"数据透视表工具 分析"选项卡"工具"组中单击"数据透视图"按钮创建数据透视图外，❶还可以选择数据透视表中任意单元格，❷单击"插入"选项卡的"图表"组的"数据透视图"下拉按钮，选择"数据透视图"命令，❸在打开的对话框中选择合适的图表类型，单击"确定"按钮创建数据透视图，如图10-4所示。

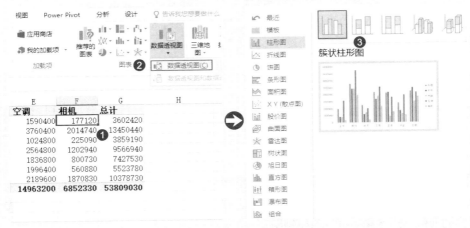

图10-4

2.根据数据源创建数据透视图

在没有创建数据透视表，但又需要数据透视图时，可以根据数据源创建数据透视表和数据透视图。但是，一般情况下不能创建与数据透视表无关的数据透视图。

下面以根据数据源信息使用数据透视图展示个人开支分析情况为例，讲解其相关操作。

分析实例 使用数据透视图展示个人开支情况

素材文件	◎素材\Chapter 10\个人开支分析.xlsx
效果文件	◎效果\Chapter 10\个人开支分析.xlsx

Step 01 打开"个人开支分析"素材，❶选择任意数据区域单元格，❷单击"插入"选项卡"图表"组的"数据透视图"下拉按钮，选择"数据透视图"命令，如图10-5所示。

Step 02 在打开的对话框中直接单击"确定"按钮，如图10-6所示。

图10-5

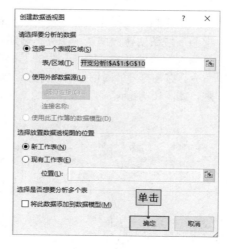

图10-6

Step 03 在打开的"数据透视图字段"窗格中，将"项目"字段添加到轴（类别）区域，将1～6月各个字段依次添加到值区域即可完成，完成布局后即可在工作表中查看图形化展示效果，如图10-7所示。

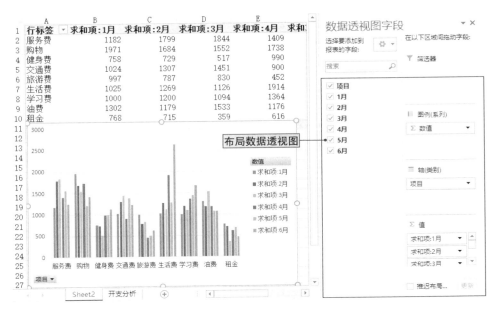

图10-7

3.根据向导创建数据透视图

如果分析统计的数据源比较复杂，一般都会使用各种向导来创建数据透视图，如在上一章介绍的多重合并计算区域、使用外部数据源等方法。

下面以创建数据透视图分析公司每月各项开支的预算与实际开支为例，讲解其相关操作。

分析实例 **使用向导创建数据透视图展示报表** ───────────────────

素材文件	◎素材\Chapter 10\预算与实际分析.xlsx
效果文件	◎效果\Chapter 10\预算与实际分析.xlsx

Step 01 打开"预算与实际分析"素材，单击"数据透视表与数据透视图向导"按钮，如图10-8所示。

Step 02 ❶在打开的"数据透视表和数据透视图向导—步骤1（共3步）"对话框中选中"多重合并计算数据区域"单选按钮，❷选中"数据透视图（及数据透视表）"单选按钮，❸单击"下一步"按钮，如图10-9所示。

图10-8

图10-9

Step 03 ❶在"数据透视表和数据透视图向导—步骤2a（共3步）"对话框中选中"自定义页字段"单选按钮，❷单击"下一步"按钮，如图10-10所示。

Step 04 在打开对话框中将"实际"和"预算"工作表中的数据添加到"所有区域"列表框中，如图10-11所示。

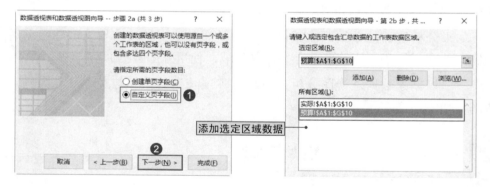

图10-10

图10-11

Step 05 ❶在"请先指定要建立在数据透视表中的页字段数目"栏中选中"1"单选按钮，❷在"所有区域"列表框中选择"实际!A\$1:\$G\$10"选项，❸在"字段1"文本框中输入"实际"文本，如图10-12所示。

Step 06 ❶在"所有区域"列表框中选择"预算!A\$1:\$G\$10"选项，❷在"字段1"文本框中输入"预算"文本，❸单击"下一步"按钮，如图10-13所示。

图10-12

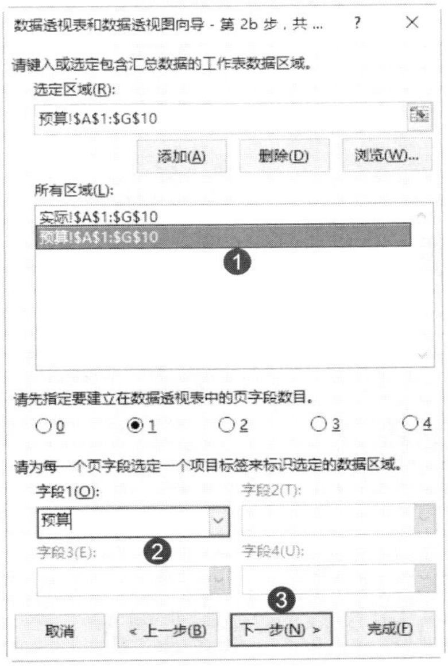

图10-13

Step 07 ❶在"数据透视表和数据透视图向导—步骤3（共3步）"对话框中选中"新工作表"单选按钮，❷单击"完成"按钮，如图10-14所示。

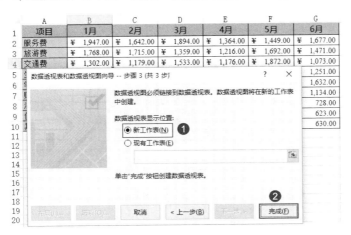

图10-14

Step 08 在"数据透视图字段"窗格将"页1"字段拖到轴（类别）区域末尾，即可在图表中查看各月各项开支的数据对比，如图10-15所示。

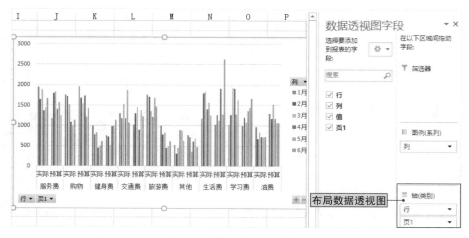

图10-15

TIPS 认识数据透视图结构 🔍

数据透视图与普通的图表有所区别，由一些特殊部分组成，这些特殊组成部分包括筛选器、值字段、轴（类别）字段和图例（系列）字段等，这些部分在数据透视表中显示为4个按钮，对应数据透视表中的4个区域，如图10-16所示。

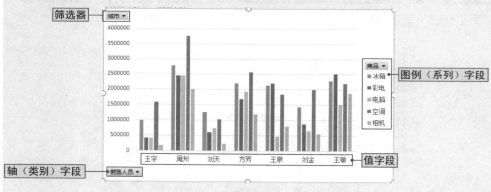

图10-16

这4个部分各有各的功能和用法，具体如下所示。

筛选器：对应数据透视表中的报表筛选区域，用来进行数据的筛选。

轴（类别）字段：对应数据透视表中的行标签区域，单击该按钮可以对数据项进行筛选，使图表中只显示部分数据项。

图例（系列）字段：对应数据透视表中的列标签区域，用户可以根据图例对数据项进行筛选，查看图例更容易让用户看懂透视图。

数值字段：对应数据透视表中的数值区域，是图表中的数据系列。

10.1.2
创建迷你图

用户除了可以通过数据透视图将报表图形化以外，还可以使用创建迷你图的方法实现。迷你图可以在工作表的单元格中创建出一个微型图表，用于展示数据的变化趋势或进行数据对比。

下面以使用迷你图来分析商品销售情况为例讲解相关操作，其具体如下所示。

分析实例 **使用迷你图分析商品销售额** ────────────────────

素材文件	◎素材\Chapter 10\商品销售分析.xlsx
效果文件	◎效果\Chapter 10\商品销售分析.xlsx

Step 01 打开"商品销售分析"素材，❶选择B4单元格，❷在"数据透视表工具分析"选项卡"计算"组中单击"字段、项目和集"下拉按钮，选择"计算项"命令，如图10-17所示。

Step 02 ❶在打开的对话框的"名称"文本框输入"分析图"文本，公式设置为空，❷单击"确定"按钮，如图10-18所示。

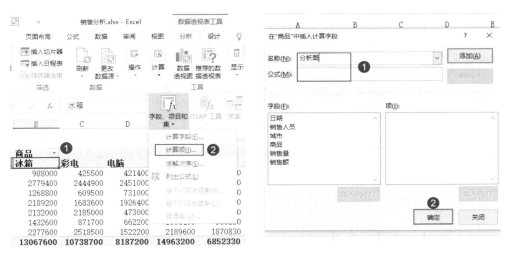

图10-17   图10-18

Step 03 使用手动排序将"分析图"字段拖动至B列，作为存放迷你图位置，如图10-19所示。

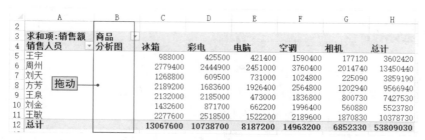

图10-19

Step 04 ❶选中数据透视表B5:B12单元格区域，❷在"插入"选项卡"迷你图"组中单击"柱形图"按钮，如图10-20所示。

Step 05 ❶在打开的"创建迷你图"对话框中设置"数据范围"为C5:H12单元格区域，❷单击"确定"按钮，如图10-21所示。

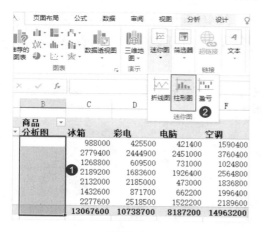

图10-20

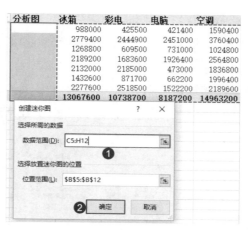

图10-21

Step 06 完成后，即可在数据透视表中查看迷你图，如图10-22所示。

	A	B	C	D	E	F	G	H
2								
3	求和项:销售额	商品						
4	销售人员	分析图	冰箱	彩电	电脑	空调	相机	总计
5	王宇		988000	425500	421400	1590400	177120	3602420
6	周州		2779400	2444900	2451000	3760400	2014740	13450440
7	刘天		1268800	609500	731000	1024800	225090	3859190
8	方芳		2189200	1683600	1926400	2564800	1202940	9566940
9	王泉		2132000	2185000	473000	1836800	800730	7427530
10	刘金		1432600	871700	662200	1996400	560880	5523780
11	王敏		2277600	2518500	1522200	2189600	1870830	10378730
12	总计		13067600	10738700	8187200	14963200	6852330	53809030

销售分析　家电销售明细

图10-22

10.2　数据透视图的基本操作

数据透视图与数据透视表类似，也可以对其进行移动、刷新以及美化等，这些基本操作是每个用户都应掌握的。

移动数据透视图

如果用户在建立数据透视图后，需要对其位置进行移动，那么可以通过以下3种方法实现。

◆ **直接复制粘贴移动数据透视图**：直接选择想要移动的数据透视图，按【Ctrl+C】组合键复制图表，然后切换到目的工作表中按【Ctrl+V】组合键粘贴即可完成，如图10-23所示。

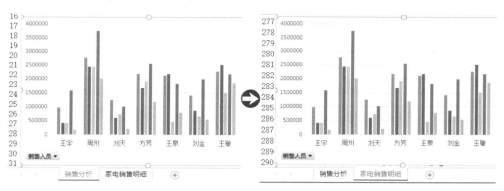

图10-23

◆ **通过快捷菜单移动数据透视表**：❶在需要移动的数据透视图上单击鼠标右键，选择"移动图表"命令，❷在打开的"移动图表"对话框中选择移动的位置，❸单击"确定"按钮即可，如图10-24所示。

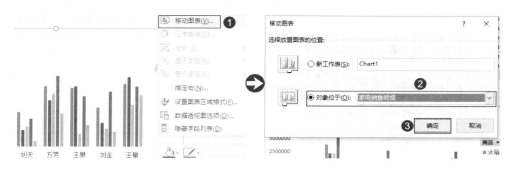

图10-24

◆ 通过功能区按钮移动数据透视表：选择需要移动的数据透视图，在"数据透视图工具 分析"选项卡的"操作"组中单击"移动图表"按钮，在打开的"移动图表"对话框中选择移动的位置，单击"确定"按钮即可完成，如图10-25所示。

图10-25

调整数据透视图的大小

默认建立的数据透视图，有时候可能因为数据选项较多而数据透视图较小，导致其中的数据信息不能完全显示或者显示形式不美观。对于这种情况，用户可以通过拖动控制柄来调整数据透视图的大小。

选择需要调整的数据透视图，在透视图的4个角和4个边框中间就会出现8个控制柄，用户只需拖动这些控制柄，便可以调整数据透视图的大小，如图10-26所示。

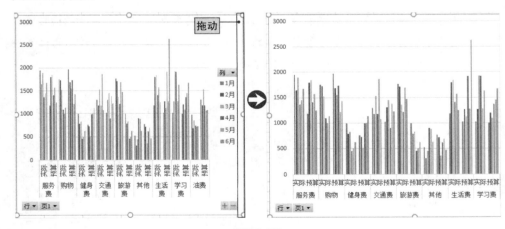

图10-26

更改数据透视图的数据系列格式

更改数据透视图的数据系列格式主要包括以下4个方面。

◆ 数据系列的形状、系列重叠以及间距。

◆ 在数据系列上显示数据标签（在10.3会有详细介绍）。

◆ 为数据系列添加趋势线（在10.3会有详细介绍）。

◆ 为数据系列选择另一种图表类型。

在数据透视图中选择任意一个数据系列，❶单击鼠标右键，在弹出的快捷菜单中选择"设置数据系列格式"命令，即可打开"数据系列格式"窗格。❷在该窗格的"系列选项"选项卡中即可设置数据系列的间距，以及是否重叠，如图10-27所示。

图10-27

用户在使用数据透视图分析展示多个数据系列时，可能这些数据系列展示的侧重点各不相同，对于此类情况，用户可以在数据透视图中使用多种图表类型，从而实现不同数据系列表达不同的关注点。

下面以在同一数据透视图中使用多种图表类型来对比分析"同时分析数量与趋势"工作簿中每个月的学习费开支以及生活费的变化趋势为例，讲解其相关操作。

分析实例 同时分析学习费的开支和生活费的变化趋势

素材文件	◎素材\Chapter 10\同时分析数量与趋势.xlsx
效果文件	◎效果\Chapter 10\同时分析数量与趋势.xlsx

Step 01 打开"同时分析数量与趋势"素材，❶选择数据透视表中任意单元格，❷在"数据透视表工具 分析"选项卡"工具"组中单击"数据透视图"按钮，如图10-28所示。

Step 02 在打开的"插入图表"对话框中直接单击"确定"按钮插入数据透视图，如图10-29所示。

图10-28

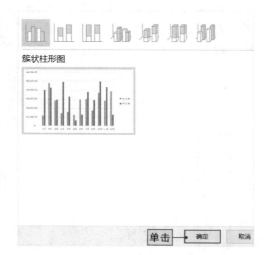

图10-29

Step 03 ❶选择"学习费"数据系列，单击鼠标右键，❷在弹出的快捷菜单中选择"更改系列图表类型"命令，如图10-30所示。

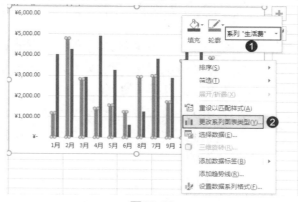

图10-30

Step 04 ❶在打开对话框的"为您的数据系列选择图表类型和轴"列表框中单击"生活费"右侧的下拉按钮，❷选择"折线图"选项，如图10-31所示。

Step 05 ❶选择完成后，可在"自定义组合"栏预览效果，❷单击"确定"按钮，如图10-32所示。

图10-31

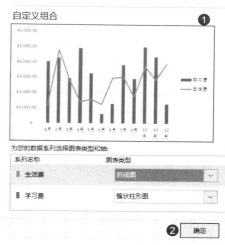

图10-32

Step 06 拖动控制柄放大数据透视图，效果如图10-33所示。

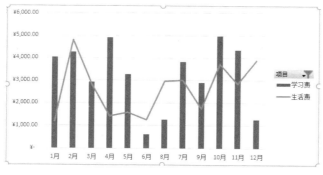

图10-33

10.2.4
设置图表区和绘图区的底色

在创建数据透视图后，为了使数据透视图更加美观，用户还可以为图表区和绘图区添加底色。

1.为图表区添加底色

如果用户想要为图表区添加底色，其方法比较简单，❶只需在图表区单击鼠标右键，在弹出的快捷菜单中选择"设置图表区域格式"命令，❷在"设置图表区格式"窗格的"填充与线条"选项卡中单击"颜色"选项右侧的"填充颜色"下拉按钮，❸选择需要的颜色即可，如图10-34所示。

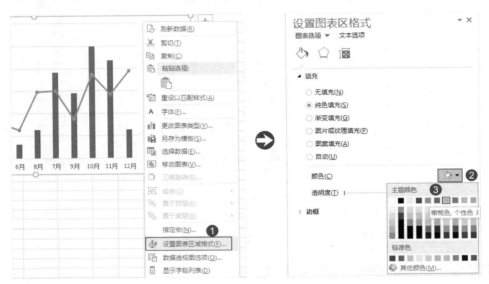

图10-34

完成后即可在数据透视图中查看为图表区添加底色后的效果，如图10-35所示。

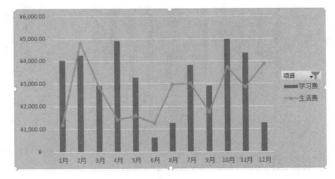

图10-35

2.为绘图区添加底色

为绘图区添加底色与为图表区添加底色方法类似，❶只需在绘图区单击鼠标右键，❷在弹出的快捷菜单中选择"设置绘图区格式"命令，在"设置绘图区格式"窗格的"填充与线条"选项卡中设置需要的颜色即可，如图10-36所示。

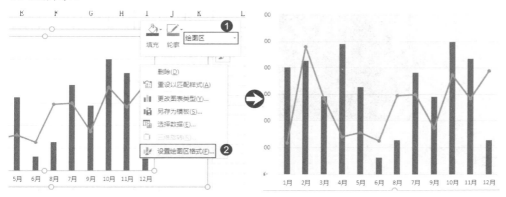

图10-36

10.2.5
应用图表样式

与数据透视表一样，Excel也内置了多种具有专业效果的图表样式，用户使用这些图表样式，可以快速制作具有专业效果的图表，从而避免依次对图表中各种元素的格式进行设置的麻烦。

下面以为"产品销售额分析展示"工作簿中的数据透视图应用图表样式为例，讲解相关操作，具体如下。

分析实例 为图表应用内置样式

素材文件	◎素材\Chapter 10\产品销售额分析展示.xlsx
效果文件	◎效果\Chapter 10\产品销售额分析展示.xlsx

Step 01 打开"产品销售额分析展示"素材，❶选择数据透视图，❷在"数据透视图工具 设计"选项卡"图表样式"组中选择"样式8"选项，如图10-37所示。

图10-37

Step 02 完成后，即可在数据透视图中查看其效果，如图10-38所示。

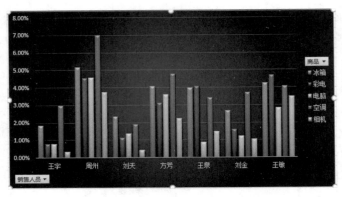

图10-38

刷新和删除数据透视图

数据透视图也不是一成不变的，它与数据透视表一样，用户可以根据实际需要对其进行刷新和删除。

1.刷新数据透视图

当创建数据透视图的源数据发生变化后，那么数据透视图也将进行刷新，从而保证图表展示信息的准确性，数据透视图的刷新主要可以通过以下3种方法实现。

◆ **通过选项卡按钮刷新：**❶选择需要刷新的数据透视图，❷在"数据透视图工具分析"选项卡"数据"组中单击"刷新"按钮即可，如图10-39所示。

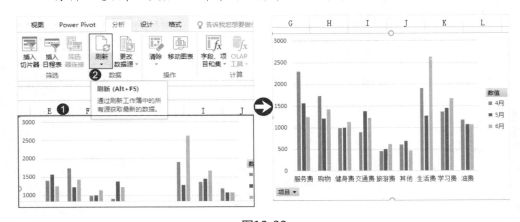

图10-39

◆ **通过快捷菜单命令刷新：**❶选择需要刷新的数据透视图，在图表区单击鼠标右键，❷在弹出的快捷菜单中选择"刷新数据"命令即可，如图10-40所示。

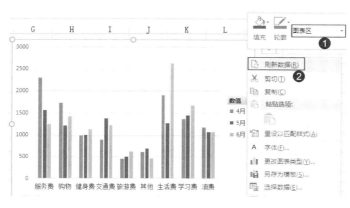

图10-40

◆ **通过组合键刷新**：选择需要刷新的数据透视图，直接按【Alt+F5】组合键即可刷新数据透视表。

除此之外，通过刷新数据透视表，也可以刷新对应的数据透视图。

2.删除数据透视图

用户如果不再需要使用数据透视图，那么就可以将其删除，主要可以通过以下两种方法实现。

◆ **通过选项卡按钮删除**：❶选择需要删除的数据透视图，❷在"数据透视图工具分析"选项卡"操作"组中单击"清除"下拉按钮，选择"全部清除"命令即可，如图10-41所示。

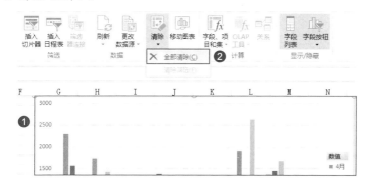

图10-41

◆ **通过快捷键删除**：选择需要删除的数据透视图，直接按【Delete】键即可将其删除。

在上面介绍的两种删除数据透视图的方法中，通过选项卡按钮删除数据透视图后，相对应的数据透视表也会一同被删除，而直接按【Delete】键删除的透视图，其对应的数据透视表不会被删除。

10.3　数据透视图布局的修改

创建完成数据透视图后，用户可以通过不同的布局方式来挖掘不同的信息，数据透视图的布局与数据透视表十分相似，但它又受到数据透视表的制约，当数据透视表的布局发生变化时，数据透视图的布局也会随之改变。

10.3.1
数据透视图的结构布局

数据透视图的"数据透视图字段"窗格和数据透视表的"数据透视表字段"窗格极为相似，只是数据透视表中的"列"和"行"在数据透视图中被称为"图例（系列）"和"轴（类别）"，如图10-42所示。

图10-42

用户可以直接通过拖动数据透视图"数据透视图字段"窗格中字段来改变其布局。与此同时，相对应的数据透视表也会发生改变。

如果用户不小心关闭了数据透视图的"数据透视图字段"窗格，可以通过以下两种方法打开。

◆ **通过选项卡按钮打开**：❶选择数据透视图，❷在"数据透视图工具 分析"选项卡"显示/隐藏"组单击"字段列表"按钮即可打开窗格，如图10-43所示。

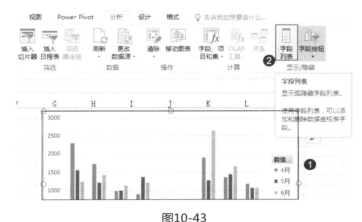

图10-43

◆ **通过快捷菜单命令打开**：❶在数据透视图的图表区单击鼠标右键，❷在弹出的快捷菜单中选择"显示字段列表"命令即可打开该窗格，如图10-44所示。

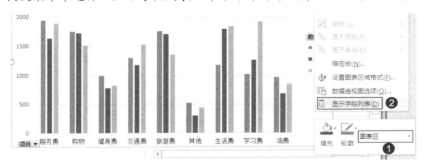

图10-44

10.3.2　合理使用图表元素

数据透视图中，除了可以通过"数据透视表字段"窗格布局外，用户还可以为数据透视图添加图表元素，这些元素不仅包含有常规图表的元素，还包含了数据透视图所特有的元素。用户需要合理使用这些图表元素，使图表更加直观、明确地展示数据结果。

如果用户需要使用图表元素，则可以通过以下两种方式添加。

◆ **直接通过"图表元素"按钮添加：**❶单击数据透视图右上方"图表元素"按钮，❷在其下拉列表中选中需要添加的图表元素即可，如图10-45所示。

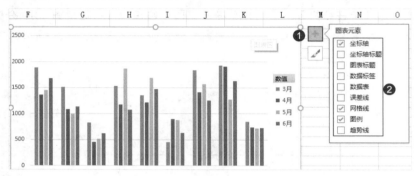

图10-45

◆ **通过选项卡按钮添加：**❶选择数据透视图，❷在"数据透视图工具 设计"选项卡"图表布局"组中单击"添加图表元素"下拉按钮，选择选择需要添加的元素即可，如图10-46所示。

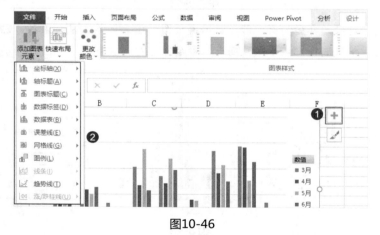

图10-46

这些图表元素各有各的用法，下面对其中几种比较常用的图表元素进行介绍。

1.数据标签，明确数据指向

默认情况下，在数据透视图中是没有数据标签的，但用户如果需要明确数据指向，添加该元素是非常有必要的，常用于饼图。

下面以给"员工销售占比情况"工作簿中的冰箱销售占比情况数据透视图添加数据标签为例讲解相关操作，其具体如下。

**分析
实例 为饼图添加数据标签**

素材文件	◎素材\Chapter 10\员工销售占比情况.xlsx
效果文件	◎效果\Chapter 10\员工销售占比情况.xlsx

Step 01 打开"员工销售占比情况"素材，❶选择数据透视图，在"数据透视图工具 设计"选项卡"图表布局"组单击"添加图表元素"下拉按钮，❷选择"数据标签/其他数据标签选项"命令，如图10-47所示。

Step 02 ❶在打开的"设置数据标签格式"窗格的"标签选项"选项卡中选中"类别名称"复选框，❷取消选中"值"复选框，❸选中"百分比"复选框，如图10-48所示。

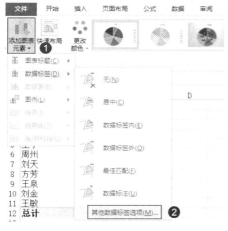

图10-47

图10-48

Step 03 完成后，即可在图表中查看添加数据标签后的效果，如图10-49所示。

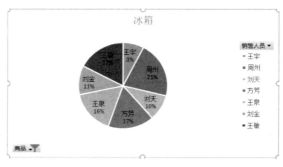

图10-49

2.图表标题，明确分析目的

一般情况下，在利用图表展示数据分析结果时，为了让读者直观认识分析目的，都会使用到图表标题元素，主要分为添加图表标题和更改图表标题两种情况。

更改图表标题非常简单，只需双击图表标题，然后在图表标题文本框中重新输入新的标题即可。添加图表标题则相对复杂一些，需要❶添加"图表标题"图表元素，❷选择标题位置，❸在添加的标题文本框中输入标题即可，如图10-50所示。

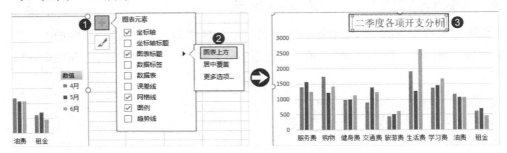

图10-50

3.切换行列，从不同的角度分析数据

有时候为了多方面对数据分析，就会从不同的角度对这些数据分析，通过切换行列，获得更多的数据信息，从而满足用户的需求。

切换行列的方法比较简单，只需选择数据透视图，在"数据透视图工具设计"选项卡"数据"组中单击"切换行/列"按钮即可，如图10-51所示。

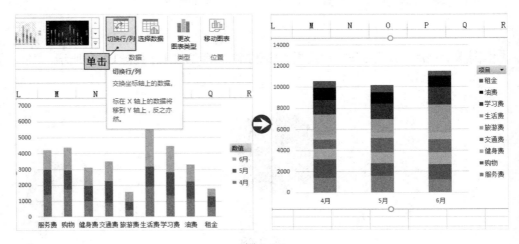

图10-51

4.趋势线，分析变化趋势

在数据分析时，不仅要关注实际数据情况，更要关注其发展趋势。这时没有必要将图表样式更改为折线图，而可以通过在图表中添加趋势线来展示数据发展趋势。

下面以分析"二季度开支分析"工作簿中近3各月各项开支变化趋势为例讲解相关操作，其具体如下。

分析实例 分析二季度开支变化趋势 _____

素材文件	◎素材\Chapter 10\二季度开支分析.xlsx
效果文件	◎效果\Chapter 10\二季度开支分析.xlsx

Step 01 打开"二季度开支分析"素材，❶单击数据透视图右上方的"图表元素"按钮，❷在下拉列表中选择"趋势线/更多选项"命令，如图10-52所示。

Step 02 ❶在打开的"添加趋势线"对话框中选择"4月"选项，❷单击"确定"按钮，如图10-53所示。

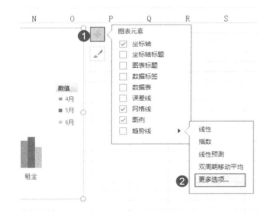

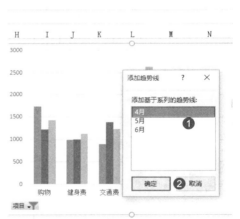

图10-52   图10-53

Step 03 ❶在"设置趋势线格式"窗格的"趋势线选项"选项卡中选中"多项式"单选按钮，❷在"顺序"数值框中输入数字"3"，如图10-54所示。

Step 04 ❶在"填充与线条"选项卡选中"实线"单选按钮，❷单击"颜色"下拉按钮，在颜色选择器中选择"蓝色"选项，❸单击"短画线类型"下拉按钮，❹选择"短画线"选项，如图10-55所示。

图10-54 　　　　　　　　　　　　　　　图10-55

Step 05 ❶同样的方法，在"添加趋势线"对话框中选择"5月"选项，❷单击"确定"按钮，❸在"设置趋势线格式"窗格中设置与前面一样格式，只是将颜色改为红色，如图10-56所示。

图10-56

Step 06 方法一样，在"添加趋势线"对话框中选择"6月"选项，单击"确定"按钮，在"设置趋势线格式"窗格中设置与前面一样格式，只是将颜色改为绿色，如图10-57所示。

Step 07 三根趋势线设置完成后，即可在数据透视图中查看近3个月各项开支的变化趋势，如图10-58所示。

图10-57

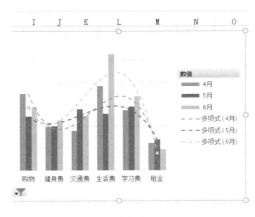

图10-58

10.3.3
应用内置图表布局，方便又专业

除了前面介绍的利用"数据透视图字段"窗格和添加图表元素进行布局外，Excel还为用户提供了11种较为专业的图表布局样式，用户可以直接使用这些布局样式进行快速布局。

应用这些内置图表布局方法比较简单，选择数据透视图之后，❶在"数据透视图工具 设计"选项卡"图表布局"组中单击"快速布局"下拉按钮，❷在下拉列表中选择一种布局即可，如图10-59所示。

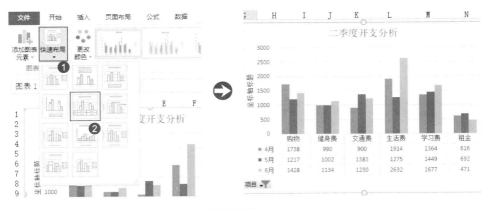

图10-59

10.3.4
数据透视表与数据透视图的关系

数据透视表与数据透视图之间存在着密切的联系，数据透视图是在数据透视表的基础上创建的，在数据透视表或者数据透视图中进行字段筛选都会引起两者同时改变，下面以图10-60所示的数据透视表与数据透视图为例，介绍两者之间的相互影响。

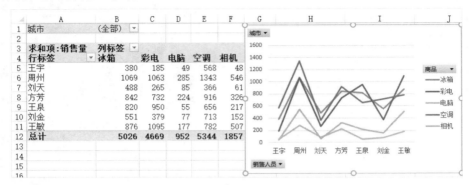

图10-60

1."筛选器"字段筛选的影响

当在数据透视表的筛选字段执行筛选之后，与其关联的数据透视图会自动执行相应的筛选操作。❶如这里单击"城市"字段右侧的下拉按钮，❷取消选中"全部"复选框，只选中"北京"和"杭州"字段项，在数据透视图中各个销售人员的销售数量也会相应发生变化，如图10-61所示。

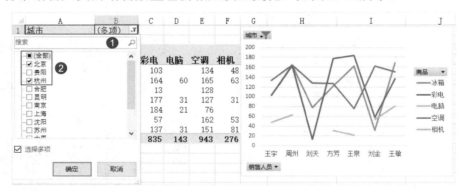

图10-61

2.列字段筛选的影响

当在数据透视表中对列字段执行筛选之后，与之关联的数据透视图中的图例字段和图例也会随之发生变化，图表中的数据系列也会发生变化。如这里取消选中"冰箱"复选框，在数据透视图中也将不会显示"冰箱"数据系列，如图10-62所示。

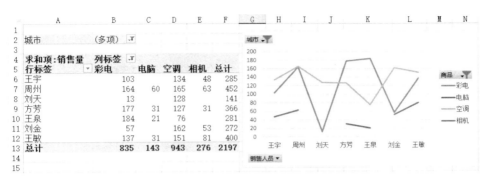

图10-62

3.行字段筛选的影响

当在数据透视表中对行字段执行筛选之后，与之关联的数据透视图中的轴（类别）字段会相应发生变化。如这里取消选中"王宇"复选框，那么在数据透视图中将不会显示"王宇"这一类别，如图10-63所示。

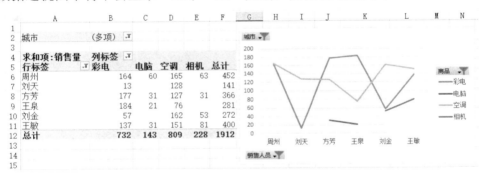

图10-63

10.4 数据透视图的应用

数据透视图的用法多种多样，用户可以根据实际需要利用数据透视图实现许多常规图表不能实现的效果。

10.4.1
使用图表模板

在实际工作中，一般情况下制作图表都有一定的要求，如果将这些制图要求保存为模板，则可以在之后制图时直接使用模板，从而避免从头开始的布局和美化，节省许多时间，达到一劳永逸的效果。

1.将图表保存为模板

将图表保存为模板的方法比较简单，首先选择需要保存为模板的图表，❶在图表区单击鼠标右键，❷在弹出的快捷菜单中选择"另存为模板"命令，❸在打开的对话框中输入模板名称，❹单击"保存"按钮即可，如图10-64所示。

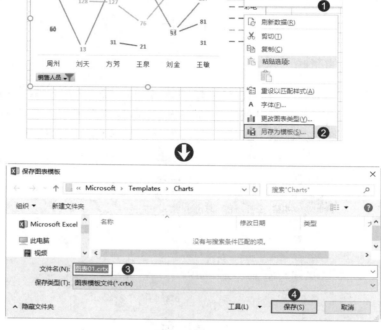

图10-64

完成后，在"数据透视图工具设计"选项卡"类型"组中单击"更改图表类型"按钮，在打开的"更改图表类型"对话框中单击"模板"选项卡，即可查看保存的模板，如图10-65所示。

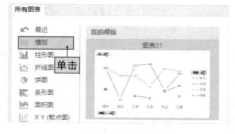

图10-65

对已经保存的模板，用户还可以对其进行重命名和删除操作。方法比较简单，❶只需在"更改图表类型"对话框中单击"模板"选项卡，❷单击

"管理模板"按钮，在打开的对话框中即可对保存的模板进行重命名和删除，如图10-66所示。

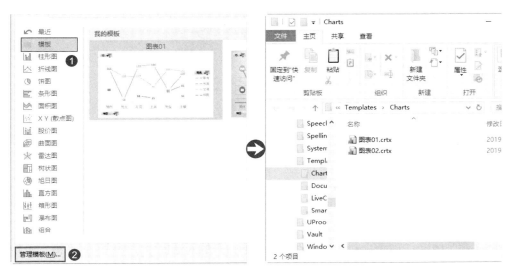

图10-66

2.使用模板创建数据透视图

保存模板之后，用户就可以直接选择模板创建数据透视图，在创建的图表中就已经包含了所有在模板中进行了的设置，不需要进行修改或者略做修改就可以直接使用。

下面以使用保存的图表模板分析上半年各项开支情况为例讲解相关操作，其具体如下。

分析实例 **使用模板图表创建分析上半年开支情况** ————————————————

素材文件	◎素材\Chapter 10\上半年开支分析\
效果文件	◎效果\Chapter 10\上半年开支分析.xlsx

Step 01 打开"上半年开支分析"素材，❶选择数据透视表任意单元格，❷在"插入"选项卡"图表"组中单击"数据透视图"下拉按钮，选择"数据透视图"命令，如图10-67所示。

Step 02 ❶在"插入图表"对话框中单击"模板"选项卡，❷单击"管理模板"按钮，如图10-68所示。

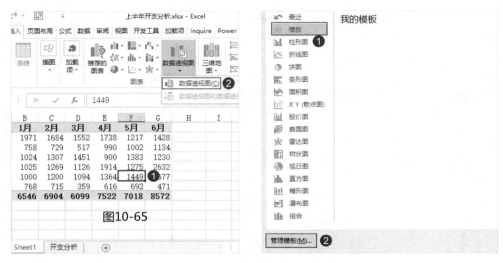

图10-67   图10-68

Step 03 ❶将"图表01.crtx"文件复制到到打开的对话框中，❷关闭对话框，重新打开"插入图表"单击"模板"选项卡，❸选择"图表01"模板，单击"确定"按钮即可，如图10-69所示。

图10-69

10.4.2
保留数据透视图的分析结果

　　数据透视图是在数据透视表的基础上创建的，当数据透视表中的数据发生改变时，数据透视图也会随之发生变化。但许多时候，需要将数据透视图分析结果作为最终的结果输出，不希望再发生任何变化。

　　要实现数据透视图分析出结果之后不再发生变化，主要可以通过以下3种方法实现。

1.将图表粘贴为图片

最简单、直接的方法就是将数据透视图粘贴为图片。其方法非常简单，只需先选择图表直接按【Ctrl+C】组合键复制图表，❶在任意单元格上单击鼠标右键，❷在弹出的快捷菜单中选择"选择性粘贴"命令，❸在打开的对话框中选择一种图表格式，❹单击"确定"按钮即可完成，如图10-70所示。

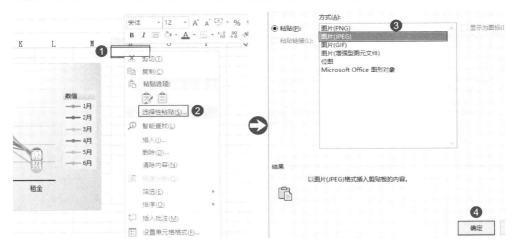

图10-70

这种方法操作简单、使用方便，可以将图片单独保存或用于Word等其他允许使用图片的地方。但图片不再是数据透视图，不能够通过修改图表的方式对其中的数据进行修改。

2.删除透视表

因为数据透视图是在数据透视表的基础上创建的，因此将数据透视表删除之后，数据透视图也会变为普通的图表，如图10-71所示为删除数据透视表前后的对比效果。

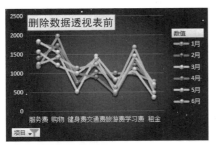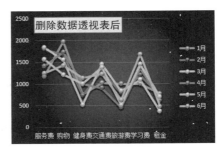

图10-71

这种方法虽然使图表保存了数据透视图的图表特性，用户可以通过修改数据源来更改图表数据，但数据透视图不再完整，不再具有数据透视图特有的功能了。

3.将数据透视表变为普通表格

用户还可以以粘贴数值的方式将数据透视表转化为普通的表格，从而使数据透视图也变为普通的图表，如图10-72所示。

图10-72

这种方法虽然保留了数据透视图的图表特性，并且可以通过修改表格中的数据来更改图表，但也使得数据透视图丧失了其特有的功能。

10.4.3
数据透视图之动态分析技巧

在数据透视表中，用户可以通过切片器来筛选数据，从而快速实现数据分析。在数据透视图中，也同样可以通过切片器实现动态分析数据。

下面以动态分析"产品生产情况"工作簿"统计"工作表中各个员工的生产情况为例讲解相关操作，其具体如下。

分析实例 使用数据透视图动态分析各个员工生产数据

素材文件	◎素材\Chapter 10\产品生产情况.xlsx
效果文件	◎效果\Chapter 10\产品生产情况.xlsx

Step 01 打开"产品生产情况"素材，❶选择数据透视图，❷在"数据透视图工具

分析"选项卡"筛选"组中单击"插入切片器"按钮,如图10-73所示。

Step 02 ❶在打开的"插入切片器"对话框中选中"姓名"和"产品"复选框,❷单击"确定"按钮,如图10-74所示。

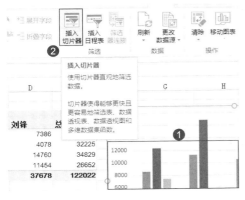

图10-73

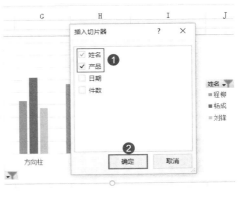

图10-74

Step 03 选中数据透视图和两个切片器,单击鼠标右键,在弹出的快捷菜单中选择"组合/组合"命令,如图10-75所示。

Step 04 ❶单击"姓名"切片器中的"程柳"筛选按钮,❷单击"产品"切片器中的"清除筛选"按钮,即可在数据透视图中查看程柳生产各种产品的数据情况,如图10-76所示。

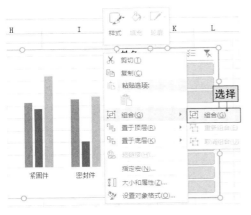

图10-75

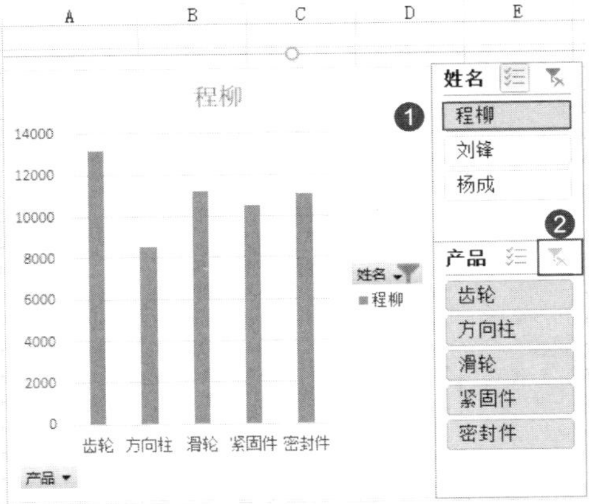

图10-76

Step 05 ❶单击"姓名"切片器中的"清除筛选"按钮,❷单击"产品"选项卡中的"滑轮"按钮,即可查看所有员工的滑轮的生产情况,如图10-77所示。

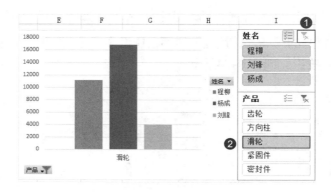

图10-77

Step 06 ❶单击"产品"切片器中的"清除筛选"按钮后，❷单击"刘锋"和"杨成"筛选按钮，即可查看杨成和刘锋各类产品的生产情况，如图10-78所示。

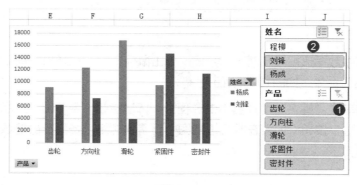

图10-78

运用Power Pivot 可视化进行数据分析

Power Pivot是Excel中可用的三大数据分析工具之一，它是一种数据建模技术，主要用于创建数据模型、建立关系以及创建计算。用户可使用Power Pivot处理大型数据集，构建广泛的关系，以及创建复杂（或简单）的计算。

学习建议与计划

第23天	**初识Power Pivot** 什么是Power Pivot 启用Power Pivot **为Power Pivot准备数据** 为Power Pivot链接本工作簿内的数据 为Power Pivot获取外部链接数据
第24天	**Power Pivot可视化分析的具体操作** 利用Power Pivot创建数据透视表 利用Power Pivot创建数据透视图 创建多表关联的Power Pivot数据透视表 使用Power Pivot中的KPI的标记功能
第25天	**在数据透视表中进行计算** 计算列，对同行数据的分析很方便 将多个字段作为一个整体

11.1 初识Power Pivot

如果用户需要集成不同数据源的数据，或者需要导入更多的数据进行分析，又或者需要创建可移植、可重用的数据，则可以使用Power Pivot。

11.1.1 什么是Power Pivot

PowerPivot for Excel，是Microsoft SQL Server Power Pivot for Microsoft Excel的简称，是针对Excel的免费外接程序，用于增强Excel的数据分析功能。

它们为使用Excel和SharePoint 创建和共享商业智能提供了端到端的解决方案。使用Power Pivot加载项可以更快速地在桌面上分析大型数据集。PowerPivot通过使用其内存中的引擎和高效的压缩算法，能以极高的性能处理大型数据集。

Power Pivot主要有以下四大核心功能。

◆ **整合所数据源**：Power Pivot可以从几乎任意地方导入任意数据源中的数据，包括Web服务、文本文件和关系数据库等数据源。

◆ **处理海量数据**：Power Pivot可以轻松组织、连接和操作大型数据集中的表，处理大型数据十分方便、快捷。

◆ **操作界面简单**：通过使用Excel固有功能（如数据透视表、数据透视图切片器等），以交互方式浏览、分析和创建报表，就可以使用Power Pivot。

◆ **实现信息共享**：Power Pivot for SharePoint可以共享整个团队的工作簿或将其发布到Web。

11.1.2 启用Power Pivot

在默认的Excel软件中是没有启用Power Pivot的，如果用户需要使用到该功能，则需要按以下步骤打开。

打开Excel文件，单击"文件"选项卡，在打开的界面中单击"选项"按钮，如图11-1所示。

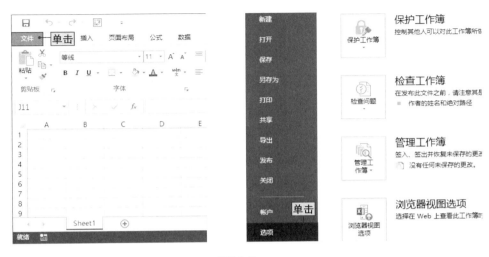

图11-1

❶在"Excel 选项"对话框中单击"加载项"选项卡，❷在"管理"下拉列表框中选择"COM加载项"选项，❸单击"转到"按钮，如图11-2所示。

图11-2

❶在打开的"COM加载项"对话框的"可以加载项"列表框中选中"Microsoft Power Pivot for Excel"复选框，❷单击"确定"按钮即可，如图11-3所示。

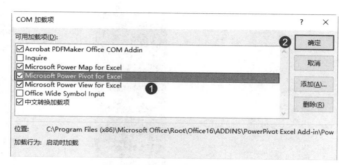

图11-3

返回到Excel开始界面中，即可在功能区看到"Power Pivot"选项卡，如图11-4所示。

图11-4

在"Power Pivot"选项卡中单击"管理"按钮即可打开"Power Pivot for Excel"窗口，如图11-5所示。

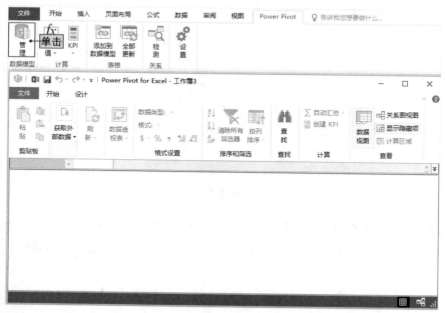

图11-5

11.2 为Power Pivot准备数据

在用户打开加载过Power Pivot的Excel文件后，即使单击"Power Pivot"选项卡或Power Pivot窗口按钮也不能创建Power Pivot透视图，"数据透视表"按钮仍然呈灰色处于不可用状态，如图11-6所示。

图11-6

如果用户想要使用Power Pivot创建数据透视表，则必须先进行"创建链接表"或添加到数据模型为Power Pivot准备数据。

11.2.1
为Power Pivot链接本工作簿内的数据

数据源处于当前工作簿时，❶用户需先选择数据源表格中任意单元格，❷在"Power Pivot"选项卡"表格"组中单击"添加到数据模型"按钮，❸在打开的"创建表"对话框中选中"我的表具有标题"复选框，❹单击"确定"按钮，如图11-7所示。

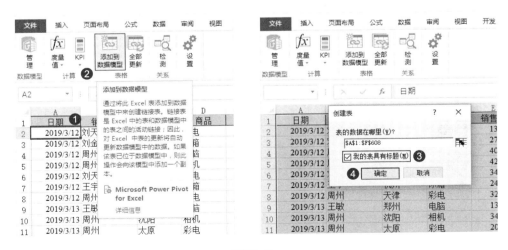

图11-7

加载完成后，在"Power Pivot for Excel"窗口中的数据透视表已变为可用状态，如图11-8所示。

图11-8

为Power Pivot获取外部链接数据

若数据源不在当前工作簿，则需要为Power Pivot获取外部链接数据，下面以在空白工作簿中为Power Pivot获取家电销售外部链接数据为例，讲解相关操作，具体如下。

分析实例 获取家电销售外部链接数据

素材文件	◎素材\Chapter 11\家电销售.xlsx
效果文件	◎效果\Chapter 11\家电销售数据分析.xlsx

Step 01 新建一个工作簿，命名为"家电销售数据分析"，在"Power Pivot"选项卡"数据模型"组中单击"管理"按钮，如图11-9所示。

Step 02 在打开的"Power Pivot for Excel"窗口的"开始"选项卡中单击"获取外部数据"组中的"从其他源"按钮，如图11-10所示。

图11-9

图11-10

Step 03 ❶在打开的"表导入向导"对话框的"文本文件"列表框中选择"Excel文件"选项，❷单击"下一步"按钮，如图11-11所示。

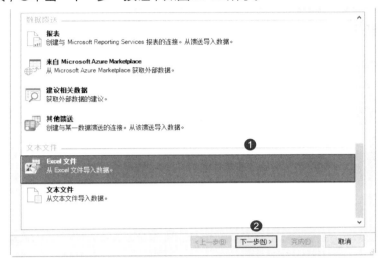

图11-11

Step 04 在打开的对话框中直接单击"浏览"按钮，如图11-12所示。

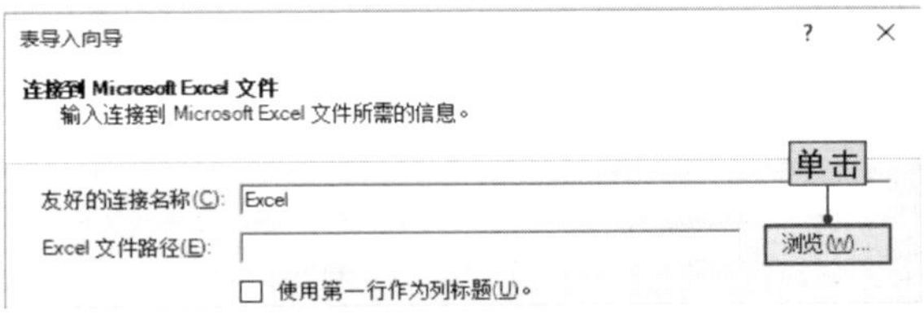

图11-12

Step 05 ❶在"打开"对话框中选择"家电销售"工作簿，❷单击"打开"按钮，如图11-13所示。

图11-13

Step 06 ❶在返回的对话框中选中"使用第一行作为标题"复选框，❷单击"下一步"按钮，如图11-14所示。

Step 07 在打开的对话框中直接单击"完成"按钮即可，如图11-15所示。

图11-14   图11-15

Step 08 单击"关闭"按钮，在"Power Pivot for Excel"窗口将显示配置好的数据源。此时，"数据透视表"按钮也处于可用状态，如图11-16所示。

图11-16

11.3 Power Pivot可视化分析的具体操作

将数据源添加到数据模型后，用户就可直接使用该数据源创建数据透视表、数据透视图等，实现Power Pivot可视化分析。

利用Power Pivot创建数据透视表

利用Power Pivot创建数据透视表的方法比较简单，在"Power Pivot for Excel"窗口直接通过选项卡按钮即可实现。

下面以在"产品数据统计"工作簿中直接使用已添加的数据模型创建数据透视表为例讲解其相关操作，其具体如下。

分析实例 根据数据模型用Power Pivot创建数据透视表

素材文件	◎素材\Chapter 11\产品数据统计.xlsx
效果文件	◎效果\Chapter 11\产品数据统计.xlsx

Step 01 打开"产品数据统计"素材，在"Power Pivot"选项卡的"数据模型"组单击"管理"按钮，如图11-17所示。

Step 02 ❶在打开的"Power Pivot for Excel-产品数据统计.xlsx"窗口中单击"开始"选项卡，❷单击"数据透视表"下拉按钮，选择"扁平的数据透视表"命令，如图11-18所示。

图11-17	图11-18

Step 03 ❶在"创建扁平的数据透视表"对话框中选中"新工作表"单选按钮，❷单击"确定"按钮，如图11-19所示。

Step 04 在"数据透视表字段"窗格中进行数据透视表布局，如图11-20所示。

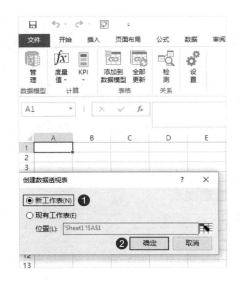

图11-19   图11-20

Step 05 完成后，即可在已创建的数据透视表中查看各个产品的具体数据，如图11-21所示。

	A	B	C	D	E	F
1						
2						
3		产品分类 ▾	分公司 ▾	以下项目的总和:金额	以下项目的总和:数量	
4		A产品	海口分公司	5000	1000	
5		A产品	宁波分公司	40000	7600	
6		A产品	徐州分公司	26000	5100	
7		A产品 汇总		71000	13700	
8		B产品	海口分公司	4100	800	
9		B产品	徐州分公司	5000	800	
10		B产品 汇总		9100	1600	
11		C产品	海口分公司	37000	6000	
12		C产品	宁波分公司	78000	12300	
13		C产品	徐州分公司	30000	4200	
14		C产品 汇总		145000	22500	
15		D产品	海口分公司	11000	1700	
16		D产品	宁波分公司	10000	1500	
17		D产品 汇总		21000	3200	
18						

图11-21

TIPS *扁平数据透视表与数据透视表的区别* 🔍

本例中，在 "Power Pivot for Excel-产品数据统计.xlsx" 窗口的 "数据透视表" 下拉列表中可以看到用户可以创建数据透视表和扁平数据透视表。两者方法相同，但 "扁平数据透视表" 在格式上类似于以普通方法创建的 "以表格形式显示" 的数据透视表，而 "数据透视表" 则为默认创建的样式。

11.3.2

利用Power Pivot创建数据透视图 ────────────

除了可以利用Power Pivot创建数据透视表外，用户还可以利用Power Pivot创建数据透视图，其方法与创建数据透视表类似。

下面以在"图表分析"工作簿中使用已添加的数据模型创建数据透视图为例讲解其相关操作，其具体如下。

分析实例 根据数据模型用Power Pivot创建数据透视图 ────────────

素材文件	◎素材\Chapter 11\图表分析.xlsx
效果文件	◎效果\Chapter 11\图表分析.xlsx

Step 01 打开"图表统计"素材，在"Power Pivot"选项卡的"数据模型"组单击"管理"按钮，如图11-22所示。

Step 02 ❶在打开的"Powerpivot for Excel-图表分析.xlsx"窗口中单击"开始"选项卡，❷单击"数据透视表"下拉按钮，在下拉列表中选择"数据透视图"命令，如图11-23所示。

图11-22

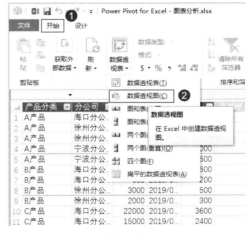

图11-23

Step 03 ❶在"创建数据透视图"对话框中选中"现有工作表"单选按钮，选择图表位置，❷单击"确定"按钮，如图11-24所示。

Step 04 在打开的"数据透视图字段"窗格中进行数据透视图的布局，如图11-25所示。

图11-24 图11-25

Step 05 完成后，在数据透视图中即可查看布局完成的效果，如图11-26所示。

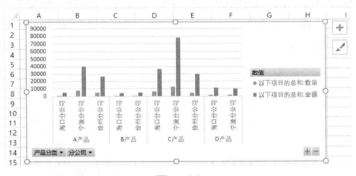

图11-26

Step 06 拖动数据透视图边框的控制柄，放大数据透视图，使"分公司"字段横排显示，如图11-27所示。

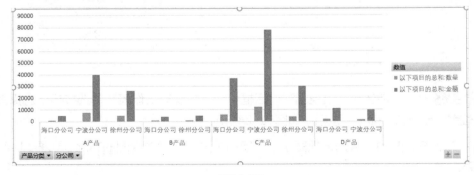

图11-27

11.3.3

创建多表关联的Power Pivot数据透视表

除了可以根据单个数据列表创建数据透视表外，用户还可以利用Power Pivot中的"创建关系"功能把多张数据列表进行关联，从而实现汇总多张列表建立数据透视表。

下面以在"工资数据汇总"工作簿中利用Power Pivot创建多表关联的数据透视表为例，讲解其相关操作。

分析实例 **利用Power Pivot创建多表关联的数据透视表**

素材文件	◎素材\Chapter 11\工资数据汇总.xlsx
效果文件	◎效果\Chapter 11\工资数据汇总.xlsx

Step 01 打开"工资数据汇总"素材，❶在"员工信息"工作表中，选择数据区域任意单元格，❷在"Power Pivot"选项卡"表格"组中单击"添加到数据模型"按钮，❸创建链接表为"表1"，如图11-28所示。

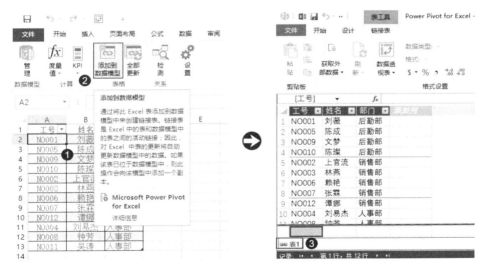

图11-28

Step 02 ❶切换到"明细数据"工作表中，选择数据区域任意单元格，❷在"Power Pivot"选项卡"表格"组中单击"添加到数据模型"按钮，❸创建链接表为"表2"，如图11-29所示。

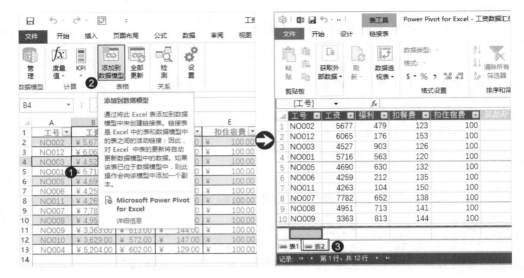

图11-29

Step 03 ❶在 "Power Pivot for Excel" 窗口激活 "表1" 工作表，❷在 "设计" 选项卡 "关系" 组中单击 "创建关系" 按钮，如图11-30所示。

图11-30

Step 04 ❶在 "表1" 下拉列表框中选择 "表2" 选项，❷在 "表2" 下拉列表框中选择 "表1" 选项，❸在左右的 "列" 列表框中都选择 "工号" 选项，❹单击 "确定" 按钮，如图11-31所示。

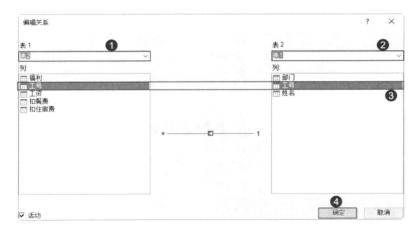

图11-31

Step 05 在"开始"选项卡中单击"数据透视表"下拉按钮，选择"数据透视表"命令，如图11-32所示。

Step 06 ❶在打开的"创建数据透视表"对话框中选中"新工作表"单选按钮，❷单击"确定"按钮，如图11-33所示。

图11-32

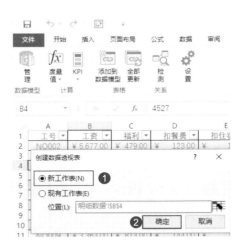

图11-33

Step 07 在"数据透视表字段"窗格中布局数据透视表，即可完成将两个表格数据合并汇总在一个数据透视表中，如图11-34所示。

图11-34

Step 08 完成后即可在数据透视表中查看汇总的各个员工工资明细数据，如图11-35所示。

	A	B	C	D	E	F
1						
2						
3		行标签 ▼	以下项目的总和:工资	以下项目的总和:福利	以下项目的总和:扣餐费	以下项目的总和:扣住宿费
4		陈璨	3629	572	147	100
5		陈成	4690	630	132	100
6		赖艳	4259	212	135	100
7		林燕	4527	903	126	100
8		刘薇	5716	563	120	100
9		刘易杰	5204	602	129	100
10		上官流	5677	479	123	100
11		谭娜	6065	176	153	100
12		文梦	3363	813	144	100
13		吴涛	4263	104	150	100
14		张霖	7782	652	138	100
15		钟芳	4951	713	141	100
16		总计	60126	6419	1638	1200
17						

图11-35

11.3.4
使用Power Pivot中的KPI的标记功能

Power Pivot中的KPI标记功能，简单地讲，其实就是用于标记出数据透视表的各项目某个计算值的目标值（相当于任务）、状态值（相当于实际）以及是否达到了目标值的一个功能，非常实用。特别是在数据量非常大的时候，比普通的数据透视表具有较大的优势。

下面以"产品进度"工作簿为数据源使用Power Pivot中的KPI标记功能标记出各月的销售完成情况为例，讲解其相关操作。

分析实例 **标记各月产品销售的完成情况** _____

素材文件	◎素材\Chapter 11\产品进度.xlsx
效果文件	◎效果\Chapter 11\产品进度.xlsx

Step 01 打开"产品进度"素材，❶选择数据区域任意单元格，❷在"Power Pivot"选项卡"表格"组中单击"添加到数据模型"按钮，如图11-36所示。

Step 02 ❶在"Power Pivot for Excel"窗口的计算区域任意单元格写入公式"=SUM([实际（盒）])/SUM([计划（盒）])"，❷将计算字段重命名为命名为"完成率"，如图11-37所示。

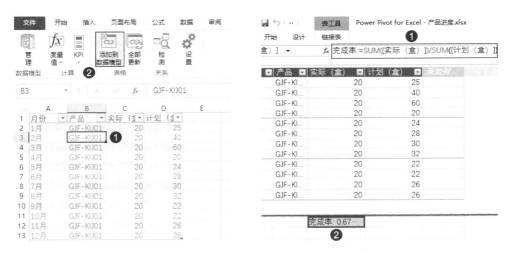

图11-36 图11-37

Step 03 ❶单击"开始"选项卡"数据透视表"下拉按钮，❷选择"数据透视表"命令，如图11-38所示。

图11-38

Step 04 ❶在打开的"创建数据透视表"对话框中选中"新工作表"单选按钮，❷单击"确定"按钮，如图11-39所示。

Step 05 在"数据透视表字段"窗格中进行数据透视表布局，如图11-40所示。

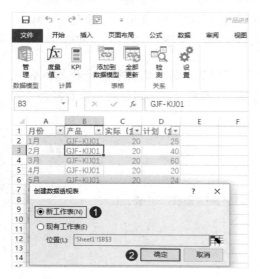

图11-39　　　　　　　　　　　　　　　图11-40

Step 06 ❶在"Power Pivot"选项卡"计算"组中单击"KPI"下拉按钮，❷选择"新建KPI"命令，如图11-41所示。

图11-41

Step 07 ❶在打开的对话框的"定义目标值"栏选中"绝对值"单选按钮，❷设置"绝对值"为1，❸选择图表样式，❹在"定义状态阈值"栏中设置阈值范围分隔点为0.3和0.6，❺单击"确定"按钮，如图11-42所示。

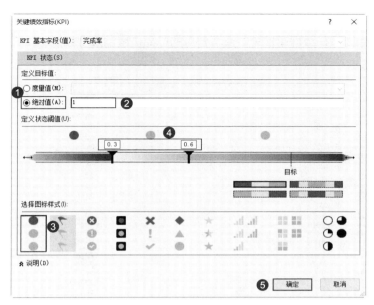

图11-42

Step 08 ❶在"数据透视表字段"窗格"完成率"字段多了"fx数值（完成率）""目标"和"状态"3个小字段，❷选中"fx数值（完成率）"和"状态"复选框，如图11-43所示。

Step 09 ❶在数据透视表中选中"完成率"字段，❷在"开始"选项卡"数字"组中单击"%"按钮，如图11-44所示。

图11-43   图11-44

Step 10 最后使用手动排序方法将月份从1～12依次排列，且以大纲形式显示数据透视表，完成后即可在数据透视表中查看各月的产品进度情况，如图11-45所示。

	A	B	C	D	E	F	G
2							
3		月份 ▼	产品 ▼	以下项目的总和:实际（盒）	以下项目的总和:计划（盒）	完成率	完成率 状态
4		⊟1月		20	25	80% ◐
5			GJF-KIJ01	20	25	80% ◐
6		⊟2月		20	40	50% ◐
7			GJF-KIJ01	20	40	50% ◐
8		⊟3月		20	60	33% ◐
9			GJF-KIJ01	20	60	33% ◐
10		⊟4月		20	20	100% ◐
11			GJF-KIJ01	20	20	100% ◐
12		⊟5月		20	24	83% ◐
13			GJF-KIJ01	20	24	83% ◐
14		⊟6月		20	28	71% ◐
15			GJF-KIJ01	20	28	71% ◐
16		⊟7月		20	30	67% ◐
17			GJF-KIJ01	20	30	67% ◐
18		⊟8月		20	32	63% ◐
19			GJF-KIJ01	20	32	63% ◐
20		⊟9月		20	22	91% ◐
21			GJF-KIJ01	20	22	91% ◐
22		⊟10月		20	22	91% ◐
23			GJF-KIJ01	20	22	91% ◐
24		⊟11月		20	26	77% ◐
25			GJF-KIJ01	20	26	77% ◐
26		⊟12月		20	26	77% ◐
27			GJF-KIJ01	20	26	77% ◐
28		总计		240	355	68% ◐

图11-45

11.4 在数据透视表中进行计算

在使用Power Pivot中的数据创建数据透视表后，用户是不能在数据透视表中插入计算项和计算字段的，如图11-46所示。

图11-46

用户如果想要对其进行计算，则需要在"Power Pivot for Excel"窗口中添加计算列。

11.4.1
计算列，对同行数据的分析很方便

在使用Power Pivot数据作为数据源的数据透视表中不能进行计算，但在许多时候用户又需要添加计算项和计算字段进行数据分析。

其实，在该类数据透视表中也可以基于行或者列的数据进行计算，如果需要添加基于同行数据的计算，则需要在"Power Pivot for Excel"窗口中的数据源中添加计算列。

下面以在"工资数据"工作簿的数据透视表中添加实发工资计算列为例，讲解其相关操作。

分析 实例 添加员工实发工资计算列

素材文件	◎素材\Chapter 11\工资数据.xlsx
效果文件	◎效果\Chapter 11\工资数据.xlsx

Step 01 打开"工资数据"素材，单击"Power Pivot"选项卡"数据模型"组中的"管理"按钮，如图11-47所示。

Step 02 ❶在打开的"Power Pivot for Excel-工资数据.xlsx"窗口切换到"表2"工作表，❷在"设计"选项卡单击"添加"按钮，如图11-48所示。

图11-47

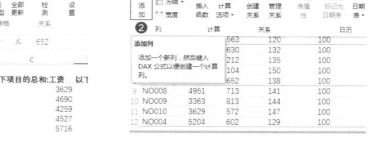

图11-48

Step 03 在编辑栏中输入等号"="，然后选择"工资"列中的任意单元格；输入加号"+"，选择"福利"列中的任意单元格；输入减号"-"，选择"扣餐费"列中的任意单元格；输入减号"-"，选择"扣住宿费"列中的任意单元格，如图11-49所示。

Step 04 按【Enter】键，双击新添加的列标题，将计算列的列标题设置为"实发工资"，如图11-50所示。

图11-49　　　　　　　　　　　　　　　图11-50

Step 05 ❶在返回的数据透视表中选择任意单元格，单击鼠标右键，❷在弹出的快捷菜单中选择"刷新"命令，如图11-51所示。

Step 06 在"数据透视表字段"窗格中将新出现的"实发工资"字段添加到值区域布局数据透视表，如图11-52所示。

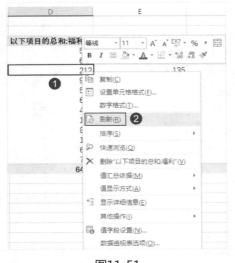

图11-51

图11-52

Step 07 使用查找替换功能将"以下项目的总和:"替换为空格，完成后即可在数据透视表查看已添加的"实发工资"字段，如图11-53所示。

行标签	工资	福利	扣餐费	扣住宿费	实发工资
陈琛	3629	572	147	100	3954
陈成	4690	630	132	100	5088
赖艳	4259	212	135	100	4236
林燕	4527	903	126	100	5204
刘薇	5716	563	120	100	6059
刘易杰	5204	602	129	100	5577
上官流	5677	479	123	100	5933
谭娜	6065	176	153	100	5988
文梦	3363	813	144	100	3932
吴涛	4263	104	150	100	4117
张霖	7782	652	138	100	8196
钟芳	4951	713	141	100	5423
总计	60126	6419	1638	1200	63707

图11-53

11.4.2
将多个字段作为一个整体

许多时候可能会遇到在使用数据分析时，需要将某些数据作为一个整体来进行分析，例如将一个班的学生作为一个整体、一个部门的员工作为一个整体等。

对于此类需要将多个字段或项作为一个整体的操作方式，一般在数据较多时极为适用。而在以多位数集为数据源创建的数据透视表中，可以通过集来实现同时操作多个字段或项。

1.将多个项作为一个整体操作

在使用PowerPivot数据的数据透视表中，可以创建集来管理和使用数据源中的数据。如果是基于行项创建集，那么就可以选择同一个字段中的多个项来创建一个集，这样创建的集可以在数据透视表的行和列区域中使用。

下面以在"公司工资数据"工作簿中将同一部门作为整体使用为例，讲解其相关操作。

分析实例 将同一部门的员工数据作为整体使用

素材文件	◎素材\Chapter 11\公司工资数据.xlsx
效果文件	◎效果\Chapter 11\公司工资数据.xlsx

Step 01 打开"公司工资数据"素材，在"数据透视表字段"窗格中，将"部门"和"姓名"字段添加到行区域，如图11-54所示。

Step 02 ❶在"数据透视表工具 分析"选项卡"计算"组中单击"字段、项目和集"下拉按钮，❷选择"基于行项创建集"命令，如图11-55所示。

图11-54　　　　　　　　　　　　图11-55

Step 03 ❶在打开的"新建集合"对话框的"集合名称"文本框中输入"后勤部"文本，❷在"显示文件夹"文本框中输入"部门集"文本，如图11-56所示。

Step 04 ❶选择除"后勤部"外其他部门，❷连续单击"删除行"按钮，删除所有其他行，❸单击"确定"按钮，如图11-57所示。

图11-56　　　　　　　　　　　　图11-57

Step 05 ❶在数据透视表中选择B4单元格，❷单击鼠标右键，在弹出的快捷菜单中选择"删除'后勤部'"命令，如图11-58所示。

Step 06 在"数据透视表字段"窗格中选中"部门"和"姓名"复选框，如图11-59所示。

图11-58

图11-59

Step 07 ❶单击"行标签"单元格右侧的下拉按钮，❷取消选中"（全选）"复选框，选中"人事部"复选框，❸单击"确定"按钮，如图11-60所示。

Step 08 ❶在"数据透视表工具 分析"选项卡"计算"组中单击"字段、项目和集"下拉按钮，❷选择"基于行项创建集"命令，如图11-61所示。

图11-60

图11-61

Step 09 ❶在打开对话框的"集合名称"文本框中输入"人事部"文本，❷在"显示文件夹"文本框中输入"部门集"文本，❸选择列表框中的"全部"选项，❹单击"删除行"按钮，❺单击"确定"按钮，如图11-62所示。

图11-62

Step 10 按照第4～8步同样的方法创建"销售部"集，完成后即可在"数据透视表"中使用这些集合，并在"数据透视表字段"窗格可进行查看，如图11-63所示。

图11-63

2.将多个指标一起分析

很多时候进行数据分析都需要将多个关联的指标同时进行分析，单独分析其中的一个或者部分指标，可能不能够满足实际的需求。

而在使用多维数据集为数据源的数据透视表中，则可以将多个分析指标创建为一个集，进而实现随时将多个指标按照指定的顺序进行组合分析。

下面以将"平均工资"工作簿中数据透视表工资和福利的平均值创建为集为例,讲解其相关操作。

分析实例 将工资和福利的平均值创建为集 ———————————————————

素材文件	◎素材\Chapter 11\平均工资.xlsx
效果文件	◎效果\Chapter 11\平均工资.xlsx

Step 01 打开"平均工资"素材,在"数据透视表字段"窗格中选中"工资"和"福利"字段的复选框,如图11-64所示。

Step 02 ❶在值区域中的两个字段上分别单击鼠标左键,❷在弹出的快捷菜单中选择"值字段设置"命令,如图11-65所示。

图11-64   图11-65

Step 03 ❶在打开的对话框中单击"值汇总方式"选项卡,❷在"计算类型"列表框中均选择"平均值"选项,❸单击"确定"按钮,如图11-66所示。

图11-66

Step 04 ❶单击"数据透视表工具 分析"选项卡中的"字段、项目和集"下拉按钮，❷选择"基于列项创建集"命令，如图11-67所示。

Step 05 ❶在打开的"新建集合"对话框的"集合名称"文本框中输入"平均值"文本，❷单击"确定"按钮，如图11-68所示。

图11-67

图11-68

Step 06 在"数据透视表字段"窗格中将"姓名"字段添加到数据透视表中即可查看其各个部门的工资和福利平均值，如图11-69所示。

	A	B	C	D	E
2					
3		行标签 ▼	以下项目的平均值:福利	以下项目的平均值:工资	
4		⊟后勤部	644.5	4349.5	
5		陈璪	572	3629	
6		陈成	630	4690	
7		刘薇	563	5716	
8		文梦	813	3363	
9		⊟人事部	473	4806	
10		刘易杰	602	5204	
11		吴涛	104	4263	
12		钟芳	713	4951	
13		⊟销售部	484.4	5662	
14		赖艳	212	4259	
15		林燕	903	4527	
16		上官流	479	5677	
17		谭娜	176	6065	
18		张霖	652	7782	
19		总计	534.9166667	5010.5	
20					

图11-69

数据透视表的缓存与打印

　　数据透视表分析数据具有简单、灵活和高效的特点，只需要通过布局数据字段，就可以得到截然不同的分析结果。完成数据分析之后，为了方便进行阅读和保存，用户可以将其保存为不同的格式，如PDF格式、发布为网页等，或者直接将其进行打印。

学习建议与计划

数据透视表的保存

第26天

数据透视表默认选项中的保存设置
文件另存为PDF格式
将数据透视表保存为网页

数据透视表的打印

第27天

设置数据透视表的打印标题
在每一页打印时重复标签
让同一项目的数据打印在同一页中
分别打印每一分类的数据
根据报表筛选器分页打印

12.1　数据透视表的保存

在完成数据分析后，如果该数据报表比较重要，则需要将其进行保存。用户除了可以将其保存为默认格式外，还可以将数据透视表保存为多种形式，如PDF、文本文件等，甚至还可以将其保存为网页。

12.1.1

数据透视表默认选项中的保存设置

数据透视表默认的保存设置用户可以在"Excel选项"对话框的"保存"选项卡中查看，如图12-1所示。

图12-1

文件默认为"Excel工作簿(*.xlsx)"格式，其默认位置为当前文件的位置。如果用户使用默认的保存格式保存当前文件，❶只需单击"文件"选项卡，❷在打开的对话框中直接单击"保存"按钮即可，或直接按【Ctrl+S】组合键保存，如图12-2所示。

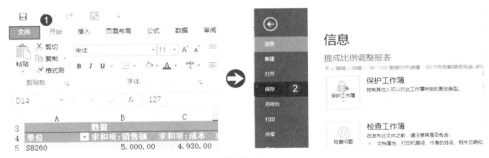

图12-2

文件另存为PDF格式

　　为了阅读方便，用户常常会将数据透视表保存为PDF文件格式，其方法比较简单，只需在保存文件时选择PDF格式即可。

　　下面以将"提成比例调整报表"工作簿中的数据透视表保存为PDF格式文件为例，讲解其相关操作。

分析实例　将报表保存为PDF格式

素材文件	◎素材\Chapter 12\提成比例调整报表.xlsx
效果文件	◎效果\Chapter 12\提成比例调整报表.pdf

Step 01 打开"提成比例调整报表"素材，在完成数据透视表数据分析后，❶单击"文件"选项卡，❷在打开的窗口中单击"另存为"选项卡，❸单击"浏览"按钮，如图12-3所示。

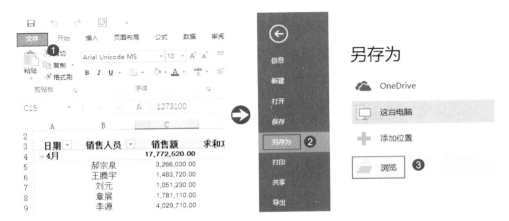

图12-3

Step 02 在"另存为"对话框设置保存位置，并可以在"文件名"文本框中修改文件名称，如图12-4所示。

图12-4

Step 03 在"保存类型"下拉列表框中选择"PDF（*.pdf）"选项，单击"保存"按钮即可，如图12-5所示。

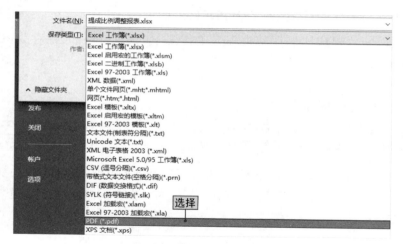

图12-5

Step 04 完成后，即可在软件程序中打开PDF文件，查看数据报表结果，如图12-6所示。

城市	（全部）			
日期	销售人员	销售额	求和项:提成比例	求和项:提成金额
4月		17,772,520.00	18%	3,199,053.60
	郝宗泉	3,266,030.00	4%	130,641.20
	王腾宇	1,483,720.00	2%	29,674.40
	刘元	1,051,230.00	2%	21,024.60
	章展	1,781,110.00	2%	35,622.20
	李源	4,029,710.00	5%	201,485.50
	杨可	3,786,170.00	4%	151,446.80
	方天琪	2,374,550.00	3%	71,236.50
5月		12,115,170.00	13%	1,574,972.10
	郝宗泉	1,167,130.00	2%	23,342.60

图12-6

12.1.3
将数据透视表保存为网页

一些时候，用户还需要将数据透视表发布为网页，这样以便于其他人直接在浏览器上查看数据。

下面以将"微波炉销售报表"工作簿中的数据透视表发布保存到网页为例，讲解其相关操作。

分析实例 将报表发布为网页

素材文件	◎素材\Chapter 12\微波炉销售报表.xlsx
效果文件	◎效果\Chapter 12\微波炉销售报表.htm

Step 01 打开"微波炉销售报表"素材，单击"文件"选项卡，❶在打开的窗口中单击"另存为"选项卡，❷单击"浏览"按钮，如图12-7所示。

Step 02 ❶在打开的对话框中，设置网页文件保存位置，单击"保存类型"下拉列表框，❷在下拉列表中选择"网页(*htm;*html)"选项，如图12-8所示。

图12-7

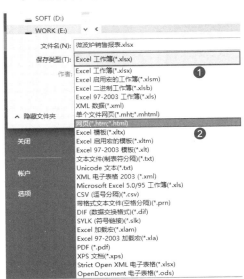

图12-8

Step 03 ❶选中"选择：工作表"单选按钮，❷单击"更改标题"按钮修改Web页面中的数据透视表的页标题，❸在打开的"输入文字"对话框中输入"微波炉分析报表"文本作为页标题，❹单击"确定"按钮，如图12-9所示。

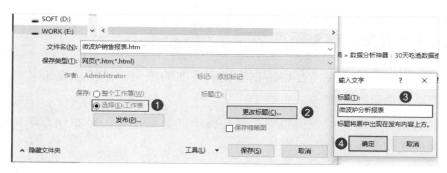

图12-9

Step 04 在返回的"另存为"对话框中单击"发布"按钮，如图12-10所示。

Step 05 ❶在打开的"发布为网页"对话框中单击"选择"列表框中的"数据透视表"选项，❷保持默认选中"在浏览器打开已发布网页"复选框，如图12-11所示。

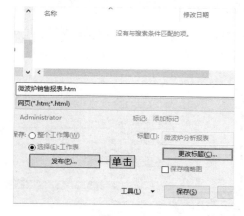

图12-10

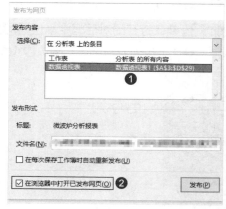

图12-11

Step 06 单击"发布"按钮，即可在打开的网页上查看报表，如图12-12所示。

微波炉分析报表

行标签	平均单价	最大单价	最小单价
MD广州小微波炉BCD-112CM闪白银	1050	1050	1050
MD合肥大微波炉BCD-170QM闪白银	1162.5	1200	1100
MD合肥大微波炉BCD-210TGSM水墨红	1905	2144	0
MD合肥大微波炉BCD-213FTM闪白银	1743.4	1751	1733
MD合肥大微波炉BCD-220UM银白拉丝	2252	2252	2252
MD合肥大微波炉BCD-228UTM银白拉丝	2932	2932	2932
MD合肥大微波炉BCD-253UTM银白拉丝	3500	3500	3500
MD冷柜BC/BD-199VMN白色	1228.75	1229	1228
MD冷柜BC/BD-297KMN白色	1574	1574	1574
MD冷柜BCD-179DKMN白色	1220	1229	1217
MD冷柜BCD-251VMN白色	1378	1378	1378
MD冷柜BCD271VSM白色精彩下乡	1285.666667	1302	1254

图12-12

12.2 数据透视表的打印

在数据透视表制作完成后，并不是所有的报表都会以电子表格的形式保存，也有些时候需要将报表打印出来供他人阅读或者进行存档。

设置数据透视表的打印标题

报表的标题是对整个报表的概括，设置数据透视表的打印标题尤为关键，但有时候又可能不太需要标题。对此，用户可以根据实际需要有选择的设置打印标题。

设置打印标题的方法比较简单，❶只需在打印的数据透视表中选择任意单元格，❷在弹出的快捷菜单中选择"数据透视表选项"命令。❸在"数据透视表选项"对话框的"打印"选项卡中选中"设置打印标题"复选框，❹单击"确定"按钮即可，如图12-13所示。

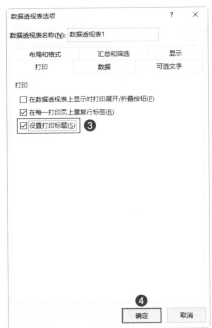

图12-13

此时，在"页面布局"选项卡"页面设置"组中单击"打印标题"按钮，则在打开对话框的"打印标题"栏会自动设置"顶端标题行"和"左端标题列"，如图12-14所示。

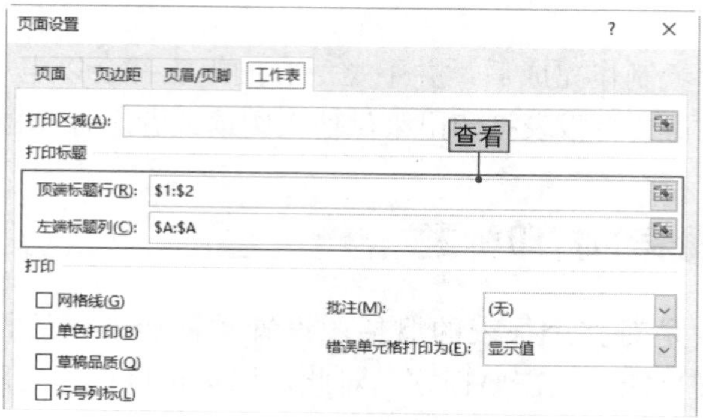

图12-14

有些时候由于分析的结果包含有较多的行数，通过普通的打印方式将数据透视表打印出来，只会在数据透视表的第一页显示设置的标题，在其余的页面中将不会显示标题，如图12-15所示。

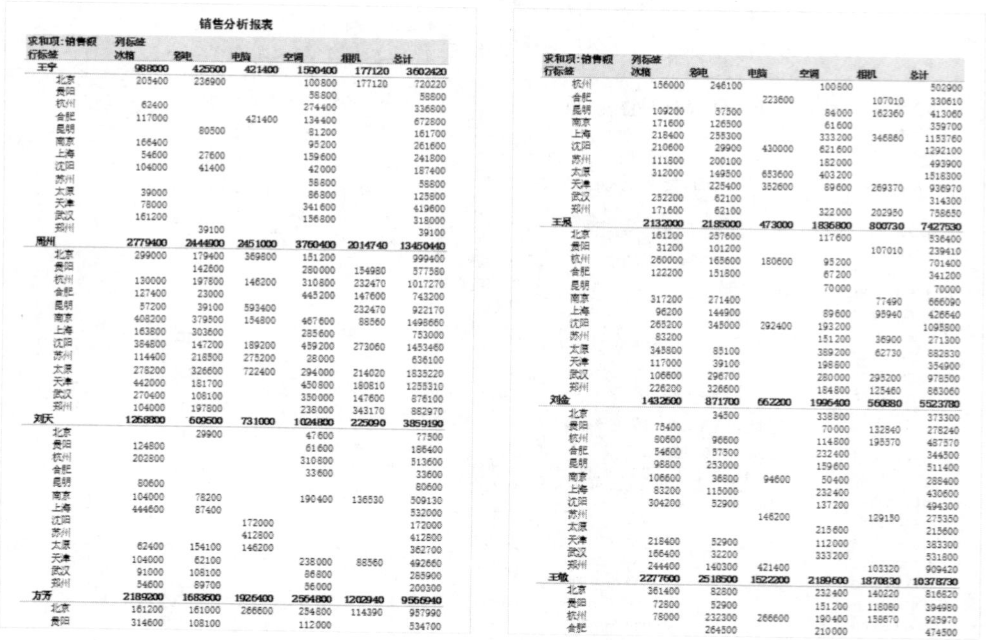

图12-15

在默认情况下，顶端标题行仅包括数据透视表的列标签，对于上述问题，用户可以在"页面设置"对话框中将该区域扩大，使其包括手动为数据透视表添加的标题，如图12-16所示。

图12-16

完后后即可使每一页都显示设置的标题，如图12-17所示。

销售分析报表

求和项:销售额	列标签					
行标签	冰箱	彩电	电脑	空调	相机	总计
王宇	988000	425500	421400	1590400	177120	3602420
北京	205400	236900		100800	177120	720220
贵阳				58800		58800
杭州	62400			274400		336800
合肥	117000		421400	134400		672800
昆明		80500		81200		161700
南京	166400			95200		261600
上海	54600	27600		159600		241800
沈阳	104000	41400		42000		187400
苏州				58800		58800
太原	39000			86600		125800
天津	78000			341600		419600
武汉	161200			156800		318000
郑州		39100				39100
周州	2779400	2444900	2451000	3760400	2014740	13450440
北京	299000	179400	369800	131200		999400
贵阳		142600		280000	154980	577580
杭州	130000	197800	146200	310800	232470	1017270
合肥	127400	23000		445200	147600	743200
昆明	57200	39100	593400		232470	922170
南京	406200	379500	134800	467600	88360	1496660
上海	163800	303600		285600		753000
沈阳	384600	147200	189200	459200	273060	1453460
苏州	114400	218500	275200	28000		636100
太原	278200	326600	722400	294000	214020	1835220
天津	442000	161700		450800	180810	1235310
武汉	270400	108100		147600		876100
郑州	104000	197800		238000	343170	862970
刘天	1268800	609500	731000	1024800	225000	3859190
北京		29900		47600		77500
贵阳	124800			61600		186400
杭州	202800			310800		513600
合肥				33600		33600
昆明	80600					80600
南京	104000	78200		190400	136530	509130
上海	444600	87400				532000
沈阳			172000			172000
苏州			412800			412800
太原	62400	154100	146200			362700
武汉	104000	62100		238000	88360	493660
郑州	91000	108100		86600		289600
	54600	89700		56000		200300
方方	2189200	1683600	1926400	2564800	1202940	9565940
北京	161200	16100	266600	254800	114390	957990
贵阳	314600	108100		112000		534700

销售分析报表

求和项:销售额	列标签					
行标签	冰箱	彩电	电脑	空调	相机	总计
杭州	156000	246100		100800		502900
合肥			223600		107010	330610
昆明	109200	57500		84000	162360	413060
南京	171600	126500		61600		359700
上海	218400	285300		333200	346860	1153760
沈阳	210600	29900	430000	621600		1292100
苏州	111800	200100		182000		493900
太原	312000	149500	653600	403200		1518300
天津		225400	352600	89600	269370	936970
武汉	252200	62100				314300
郑州	171600	62100		322000	202950	758650
王晨	2132000	2185000	473000	1835800	800730	7427530
北京	161200	237600		117600		536400
贵阳	31200	101200			107010	239410
杭州	260000	165600	180600	95200		701400
合肥	122200	151800		67200		341200
昆明				70000		70000
南京	317200	271400			77490	666090
上海	96200	144900		89600	95940	426640
沈阳	265200	345000	292400	193200		1095800
苏州	83200			151200	36900	271300
太原	345800	85100		389200	62730	882830
天津	117000			198600		354900
武汉	106600	296700		280000	295200	978500
郑州	226200	326600		184800	125460	863060
刘金	1432500	871700	662200	1995400	560880	5523780
北京		34500		338800		373300
贵阳	75400			70000	132840	278240
杭州	80600	96600		114800	195570	487570
合肥	54600	57500		232400		344500
昆明	98800	253000		159600		511400
南京	106600	36800	94600	232400		288460
上海	83200	115000		232400		430600
沈阳	304200	52900		137200		494300
苏州			146200		129150	275350
太原				213600		213600
天津	218400	52900		112000		383300
武汉	166400	32200		333200		531800
郑州	244400	140300	421400		103320	909420
王毅	2277600	2518500	1522200	2189600	1870830	10378730
北京	361400	82800		232400	140220	816820
贵阳	72800	52900		151200	118080	394980
杭州	78000	232300	266600	190400	158670	925970
合肥		264500		210000		474500
昆明	41600	197800		131600	254610	625610

图12-17

12.2.2 在每一页打印时重复标签

在打印数据透视表的时，可能会出现只在第一页显示行标签，而在其余页中不再显示行标签的情况，如图12-18所示。

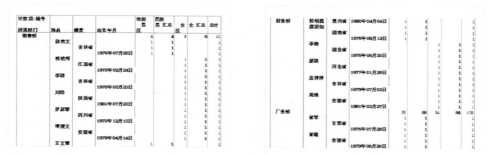

图12-18

出现此种情况，一般可能是以下两种原因导致。一是用户在"数据透视表选项"对话框的"打印"选项卡中取消选中了"在每一打印页上重复行标签"；二是在"页面设置"对话框中清除了"顶端标题行"文本框中所引用的地址，如图12-19所示。

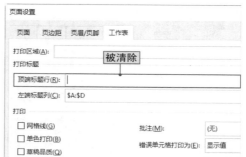

图12-19

因此，要解决该问题只需在"数据透视表选项"对话框中选中"在每一打印页上重复行标签"复选框，或者在"页面设置"对话框"工作表"选项卡"顶端标题行"文本框中设置标题位置即可，完成操作后效果如图12-20所示。

图12-20

12.2.3

让同一项目的数据打印在同一页中

在数据分析时，通常会在行标签区域中使用多个字段，这样可以使得分析的数据更具有层次感。但在打印数据透视表时，默认情况下，又会经常将同一项目中的数据行打印到不同的打印页中，破坏了数据的层次感，如图12-21所示打印预览效果。

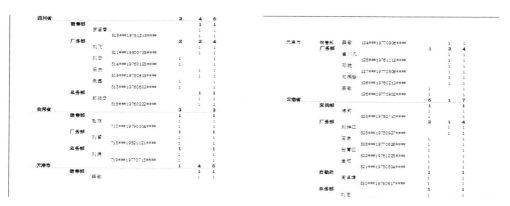

图12-21

在预览报表时可以发现，天津市只有销售部一个员工的数据在第一页，而其余的员工和厂务部在第二页。现为了数据查看的方便，需要将第一页的销售部数据移到第二页。

对此，用户需单击工作簿右下角的"分页预览"按钮，将工作表切换至分页预览图，然后将鼠标光标定位在需要调整分页位置的蓝色虚线上，待鼠标光标变为双向箭头的时候，按住鼠标左键拖动到新的分页位置后释放鼠标即可，如图12-22所示。

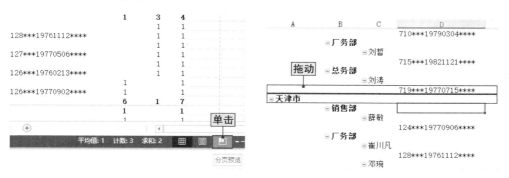

图12-22

完成后再进行打印预览，即可看到天津市所有员工的数据打印在一页中，如图12-23所示。

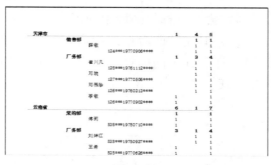

图12-23

分别打印每一分类的数据

数据透视表可以将每一个分类项目分页打印，使得每一分类项目单独打印在一张报表上。比如将各城市的销售情况、各公司的订单等分别打印在不同的打印页上。

要实现这种效果，用户可以在每一个项目之后插入一个分页符，从而实现将每一个项目打印在不同的打印页上。

下面以将"员工销售额分析"工作簿按每个员工销售额数据分类将其分页打印出来为例，讲解其相关操作。

分析实例 将销售报表按员工销售数据分页打印

素材文件	◎素材\Chapter 12\员工销售额分析.xlsx
效果文件	◎效果\Chapter 12\员工销售额分析.xlsx

Step 01 打开"员工销售额分析"素材，❶选择数据透视表A列任意单元格，单击鼠标右键，❷在弹出的快捷菜单中选择"字段设置"命令，如图12-24所示。

Step 02 ❶在打开的"字段设置"对话框中单击"布局和打印"选项卡，❷在"打印"栏选中"每项后面插入分页符"复选框，❸然后单击"确定"按钮，如图12-25所示。

图12-24

图12-25

Step 03 ❶在数据透视表中选择任意单元格，单击鼠标右键，❷在"弹出的快捷菜单中选择"数据透视表选项"命令，如图12-26所示。

Step 04 ❶在打开的对话中单击"打印"选项卡，❷选中"设置打印标题"复选框，❸单击"确定"按钮，如图12-27所示。

图12-26

图12-27

Step 05 完成后即可在打印预览窗口查看其效果如图，如图12-28所示。

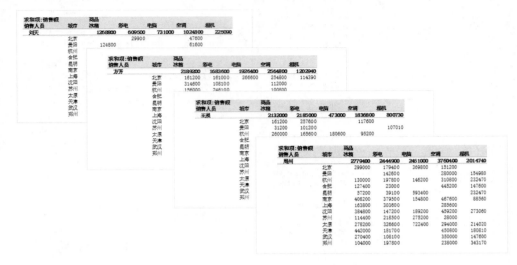

图12-28

12.2.5

根据报表筛选器分页打印

在使用数据透视表进行数据筛选后，如果用户需要将每一个筛选项对应的页打印出来，则只需先将这些筛选页显示，然后再进行打印即可。

下面以将"员工工资数据汇总"工作簿中的数据透视表分部门打印出员工的工资为例，讲解其相关操作。

分析实例 分部门打印员工工资数据

素材文件	◎素材\Chapter 12\员工工资数据汇总.xlsx
效果文件	◎效果\Chapter 12\员工工资数据汇总.xlsx

Step 01 打开"员工工资数据汇总"素材，❶选择数据透视表中任意单元格，在"数据透视表工具 分析"选项卡的"数据透视表"组中单击"选项"下拉按钮，❷选择"显示报表筛选页"命令，如图12-29所示。

Step 02 ❶在打开的对话框中选择"部门"字段，❷单击"确定"按钮，如图12-30所示。

图12-29

图12-30

Step 03 选择"后勤部"工作表之后按住【Shift】键单击"销售部"工作表标签，选择所有的以部门命名的工作表，如图12-31所示。

图12-31

Step 04 单击"文件"选项卡中的"打印"选项卡，查看工作表组打印效果，如图12-32所示。

图12-32

同样的，如果有需要用户也可以打印数据透视图。其方法比较简单，只需选择数据透视表中任意单元格，单击"文件"菜单项，选择"打印"选项即可将数据透视表与数据透视图同时打印，如图12-33所示。

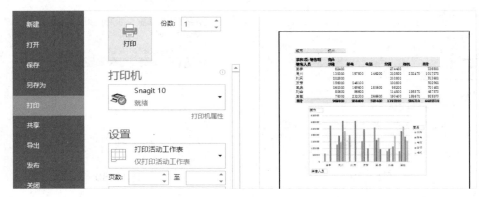

图12-33

若用户想要单独打印数据透视图，则只需选择数据透视图，单击"文件"选项卡，单击"打印"选项卡，即可设置只打印数据透视图，如图12-34所示。

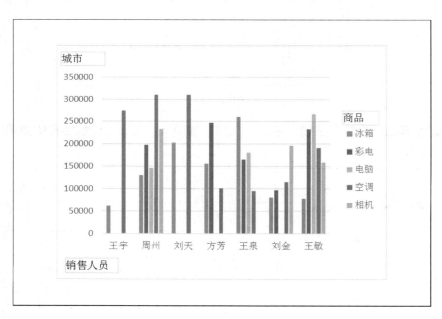

图12-34

数据分析之
综合实战应用

    至此，我们已经对数据透视表的使用有了一个较为全面的学习，而学习的目的在于应用。本章就将通过几个实战案例来对数据透视表的分析功能进行全面梳理，让用户了解其数据分析的完整流程。

学习建议与计划

第28天	**教师管理中的应用** 各学科老师学历构成统计 分析各科老师的占比情况 ……
第29天	**学生成绩管理中的应用** 按班级动态查看并分析综合成绩 图形化动态对比班级平均成绩 ……
第30天	**商品销售中的应用** 公司月营业收入结构分析 商品月销售地分布情况分析 …… **工资管理中的应用** 汇总外部数据分析工资情况 上半年各部门工资占比情况分析 ……

13.1 教师管理中的应用

学校是个大家庭，人口众多。而老师又是极为重要的一部分，因此对老师的详细情况进行分析是很有必要的。

案例简述与效果展示

本案例是某一学校教师的详细数据统计分析，它主要用来反映该校老师教学水平，管理者可以根据报表数据制定相应的调整方案，以提高学校教学实力，下面是该校的教师学历分析和各科老师占比情况分析展示，如图13-1所示。

素材文件	◎素材\Chapter 13\师资情况明细.xlsx
效果文件	◎效果\Chapter 13\师资情况明细.xlsx

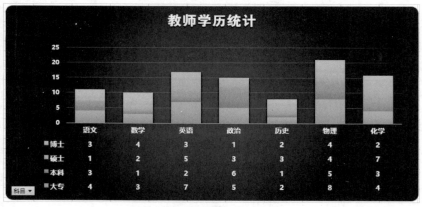

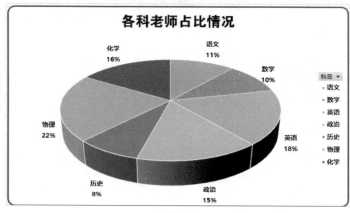

图13-1

13.1.2
案例制作思路

在制作一个较大和较为复杂的工作簿，特别是一个较为系统工作簿时，我们首先应理清制作的一个顺序，也就是先做什么，再做什么，接着做什么，最后做什么，要有一个合理的安排和规划。

如图13-2所示是制作本案例的一个流程示意图。

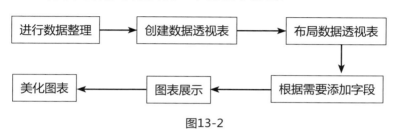

图13-2

13.1.3
各学科老师学历构成统计

老师的学历能够直观的体现该老师的综合素质，已有某学校所有教师的详细信息，现需要对所有老师的学历进行汇总统计。

Step 01 打开"师资情况明细"素材，❶选择数据区域任意单元格，❷在"插入"选项卡中单击"数据透视表"按钮，如图13-3所示。

Step 02 在打开的对话框中直接单击"确定"按钮，即可建立数据透视表，如图13-4所示。

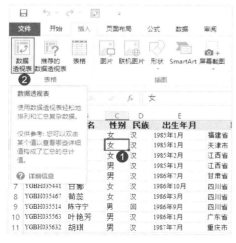

图13-3

图13-4

Step 03 在"数据透视表字段"窗格中进行数据透视表布局，将"科目"字段添加到行区域，将"学历"字段添加到列字段，将"姓名"字段添加到值区域，如图13-5所示。

Step 04 完成布局后，将工作表重命名为"学校老师学历统计"，即可在数据透视表中查看各个科目各学历老师的分布情况，如图13-6所示。

图13-5 图13-6

Step 05 使用手动排序的方法，将"科目"字段按"语文、数学、英语、政治、历史、物理、化学"排序，将"学历"字段按从低到高排序，如图13-7所示。

Step 06 ❶选择数据透视表任意单元格，❷在"插入"选项卡"图表"组中单击"数据透视图"下拉按钮，选择"数据透视图/数据透视图"命令，如图13-8所示。

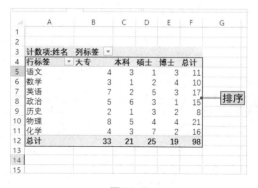

图13-7

图13-8

Step 07 ❶在打开的对话框中单击"柱形图"选项卡，❷选择"堆积柱形图"图表类型，单击"确定"按钮，如图13-9所示。

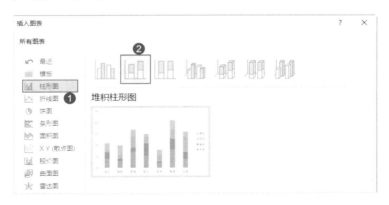

图13-9

Step 08 ❶选择图表，在"数据透视图工具 设计"选项卡"图表布局"组中单击"快速布局"下拉按钮，❷选择"布局5"选项，如图13-10所示。

Step 09 删除坐标轴标题，拖动图表右下角控制柄放大数据透视图，使图表和文字清楚显示，如图13-11所示。

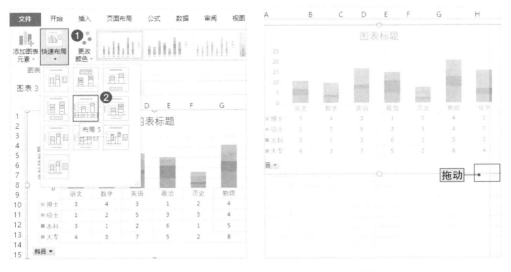

图13-10　　　　　　　　　　　　　　　　图13-11

Step 10 在图表中双击图表标题，在文本框中输入"教师学历统计"文本，如图13-12所示。

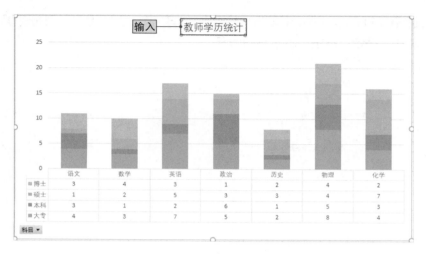

图13-12

Step 11 ❶选择图表，❷在"数据透视图工具 设计"选项卡"图表样式"组中选择"样式8"选项，如图13-13所示。

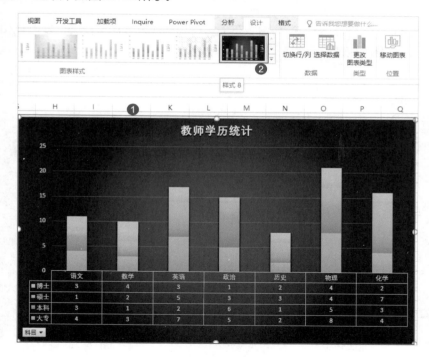

图13-13

Step 12 ❶选择图表，在"开始"选项卡"字体"组中单击"字体颜色"下拉按钮，❷选择"白色"选项，如图13-14所示。

Step 13 ❶选择图表，单击鼠标右键，❷在弹出的快捷菜单中选择"设置图表区域格式"命令，如图13-15所示。

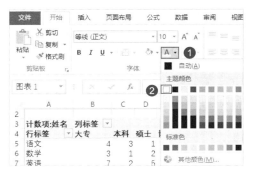

图13-14

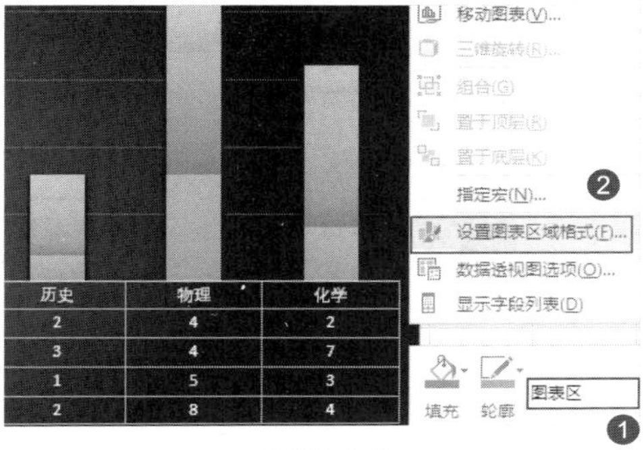

图13-15

Step 14 ❶在"设置图表区格式"窗格中单击"填充与线条"选项卡，❷在"边框"栏中选中"圆角"复选框，如图13-16所示。

Step 15 ❶选择任意数据系列，在"设置数据系列格式"窗格中单击"系列选项"选项卡，❷设置"分类间距"值为60%，如图13-17所示。

图13-16

图13-17

Step 16 调整图表，设置图表标题文字格式为方正大黑简体、20号、白色，效果如图13-18所示。

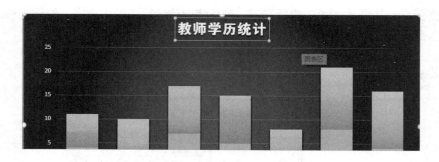

图13-18

Step 17 设置图表中表格文字格式为微软雅黑、加粗、白色，完成后效果如图13-19所示。

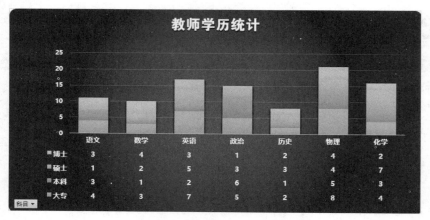

图13-19

13.1.4

分析各科老师的占比情况

　　学科老师的占比情况也从一些方面反映了该校哪些学科老师比较紧缺，哪些老师比较充足，方便学校根据实际情况进行补充，下面利用数据透视表来分析该校各科老师的占比情况。

Step 01 根据数据源创建数据透视表，重命名为"各科老师占比情况"，在"数据透视表字段列表"窗格中重新布局数据透视表，如图13-20所示。

Step 02 在"数据透视表字段"窗格再拖动一个"姓名"字段到值区域，如图13-21所示。

图13-20　　　　　　　　　　　　　　　图13-21

Step 03 ❶选择数据透视表C列任意单元格，单击鼠标右键，❷在弹出的快捷菜单中选择"值显示方式/总计的百分比"命令，如图13-22所示。

Step 04 将"计数项：姓名"改为"人数"，"计数项：姓名2"改为"占比"，如图13-23所示。

行标签	人数	占比
语文	11	11.22%
数学	10	10.20%
英语	17	17.35%
政治	15	15.31%
历史	8	8.16%
物理	21	21.43%
化学	16	16.33%
总计	98	100.00%

图13-22　　　　　　　　　　　　　　　图13-23

Step 05 ❶选择数据透视表任意单元格，❷在"插入"选项卡"图表"组中单击"数据透视图"下拉按钮，选择"数据透视图"命令，如图13-24所示。

Step 06 ❶在打开的对话框中单击"饼图"选项卡，❷选择"三维饼图"图表类型，单击"确定"按钮，如图13-25所示。

图13-24

图13-25

Step 07 修改数据透视图标题为"各科老师占比情况"，如图13-26所示。

Step 08 ❶单击"图表元素"按钮，❷选择"数据标签/更多选项"命令，如图13-27所示。

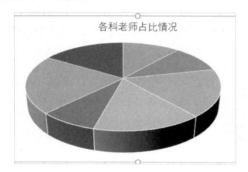

图13-26

图13-27

Step 09 在打开的"设置标签格式"窗格中单击"标签选项"选项卡，❶在"标签包括"栏中选中"类别名称"和"百分比"复选框，❷取消选中"显示引导线"和"值"复选框，如图13-28所示。

Step 10 在"标签位置"栏中选中"数据标签外"单选按钮，如图13-29所示。

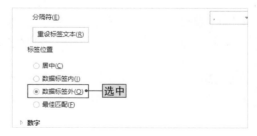

图13-28

图13-29

Step 11 调整数据标签位置，使数据标签位置布局合理。然后选择图表，在"设置图表区格式"窗格中单击"填充与线条"选项卡，选中"圆角"复选框，如图13-30所示。

Step 12 ❶选择图表，在"数据透视图工具 格式"选项卡"形状样式"组中单击"形状轮廓"下拉按钮，❷设置颜色为紫色，粗细为2.25磅，如图13-31所示。

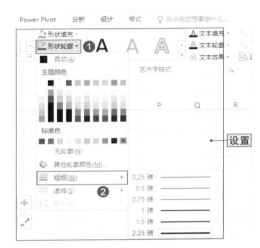

图13-30　　　　　　　　　　　　　　图13-31

Step 13 设置图表标题文字格式为方正大黑简体、20号、黑色，设置数据标签和图例文字格式为为微软雅黑、加粗、黑色，完成后效果如图13-32所示。

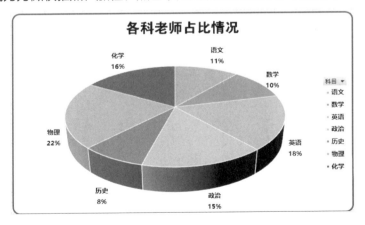

图13-32

13.2 学生成绩管理中的应用

学习是学生的根本任务，而学习成绩则是学生学习情况的实际反映。因此分析学习成绩就可以在一定程度上了解学生的学习状态。

13.2.1 案例简述与效果展示

本案例是对某中学初中三年级一次考试的成绩部分数据统计分析，它主要用来反映近段时间各班的实际学习情况，从而制定合理的帮扶计划，提高学生成绩。下面是本次考试的成绩汇总情况以及各班成绩分析展示，如图13-33所示。

素材文件	◎素材\Chapter 13\学生成绩分析.xlsx
效果文件	◎效果\Chapter 13\学生成绩分析.xlsx

行标签	求和项:语文	求和项:数学	求和项:英语	求和项:政治	求和项:历史	求和项:物理	求和项:化学	求和项:综合成绩
郭庭华	97	99	81	91	75	99	75	617
钱德豪	93	76	99	80	88	87	91	614
张英	85	94	67	96	76	96	99	613
章冬丽	62	93	83	99	97	88	89	611
薛敏	98	94	99	80	61	72	95	599
君慧羽	95	95	80	85	66	96	68	585
胡翠骏	77	89	68	85	66	95	97	577
孙志丽	93	73	62	78	79	97	93	575
陈笑军	78	84	90	67	95	66	90	570
岑建宇	82	79	74	87	86	98	61	567
赵杰	95	87	72	82	84	82	64	566
赵笑羽	69	80	82	74	99	91	70	565
黎志玉	92	65	80	71	77	96	83	564
赵磊	78	95	69	88	77	94	62	563
郑艾丽	71	85	80	80	69	83	94	562

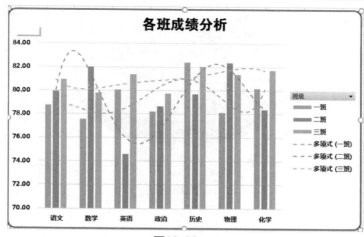

图13-33

13.2.2
案例制作思路

在本案例中需要根据提供的数据源创建数据透视表，然后将所有学生成绩进行汇总布局，利用插入计算字段，获取学生平均成绩，最后分析平均成绩并用图表展示。

如图13-34所示是制作本案例的一个流程示意图。

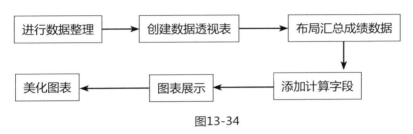

图13-34

13.2.3
成绩汇总分析

学生的成绩是由多个科目共同组成的，因此查看学生的学习成绩就需要对其所有成绩进行汇总统计。

Step 01 打开"学生成绩分析"素材，❶选择数据区域任意单元格，❷在"插入"选项卡中单击"数据透视表"按钮，如图13-35所示。

Step 02 在打开的对话框中直接单击"确定"按钮，即可建立数据透视表，如图13-36所示。

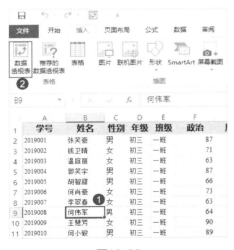

图13-35

图13-36

Step 03 在"数据透视表字段"窗格中进行数据透视表布局，并将工作表重命名为"成绩汇总"，如图13-37所示。

Step 04 ❶选择数据透视表任意单元格，在"数据透视表工具 设计"选项卡"布局"组中单击"分类汇总"下拉按钮，❷选择"不显示分类汇总"命令，如图13-38所示。

图13-37

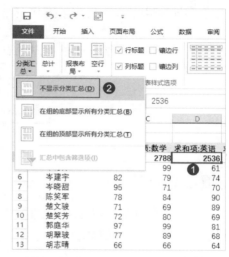

图13-38

Step 05 完成后将"求和项："替换成空格，即可在数据透视表中查看每个学生的各科具体成绩，如图13-39所示。

班级	姓名	语文	数学	英语	政治	历史	物理	化学
一班								
	岑冬玉	67	70	70	90	89	62	85
	岑智骏	79	79	83	76	70	96	100
	曾笑浩	65	60	78	84	66	97	67
	楚伟羽	94	72	88	95	81	74	63
	楚晓丽	61	91	61	96	99	71	74
	郭笑宇	73	79	82	87	98	75	90
	何爱志	100	79	69	66	90	93	89
	何伟军	94	72	62	64	67	80	93
	何肖豪	75	80	83	73	96	65	77
	何小骏	63	93	79	89	89	74	66
	胡冬萍	69	80	88	83	95	89	94
	胡建羽	75	84	83	67	96	77	96
	胡建志	78	65	91	63	86	72	72
	胡智甜	63	70	81	66	86	67	61
	君卫钟	90	71	62	97	97	98	73
	黎爱晴	86	94	96	65	93	98	95
	李翠春	69	82	94	63	83	83	88
	钱卫晴	61	87	94	71	61	82	69
	钱文浩	83	68	72	66	78	84	90
	孙爱骏	99	96	63	94	95	98	60
	孙翠庆	73	85	81	88	83	64	100

图13-39

13.2.4
按班级动态查看并分析综合成绩

在对其各科成绩汇总后，为了方便对其进行排名，因此需要对其添加综合成绩。同时由于班级学生人数较多，成绩数据量比较大，因此需要添加切片器进行筛选查看。

Step 01 根据数据源创建数据透视表，命为"综合排名"，在"数据透视表字段列表"窗格中重新布局数据透视表，如图13-40所示。

Step 02 ❶选择数据透视表任意单元格，在"数据透视表工具 分析"选项卡的"计算"组中单击"字段、项目和集"下拉按钮，❷选择"计算字段"命令，如图13-41所示。

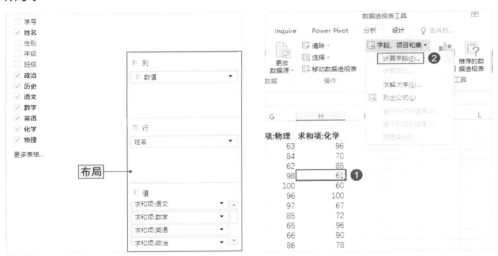

图13-40　　　　　　　　　　　　　　　　图13-41

Step 03 ❶在打开的"插入计算字段"对话框中的"名称"文本框中输入"综合成绩"文本，在"公式"文本框中输入"= 语文+ 数学+ 英语+ 政治+ 历史+ 物理+ 化学"公式，❷单击"添加"按钮，❸单击"确定"按钮，关闭对话框，如图13-42所示。

Step 04 在返回的对话框中即可在I列查看"综合成绩"字段，❶选择该列任意数据单元格，单击鼠标右键，❷在弹出的快捷菜单中选择"排序/降序"命令，如图13-43所示。

| 图13-42 | 图13-43 |

Step 05 ❶在数据透视表中选择任意单元格，❷在"数据透视表工具 分析"选项卡"筛选"组中单击"插入切片器"按钮，如图13-44所示。

Step 06 ❶在打开的"插入切片器"对话框中选中"班级"复选框，❷单击"确定"按钮，如图13-45所示。

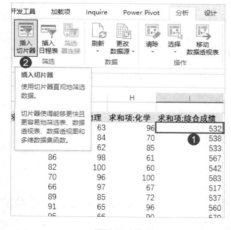

| 图13-44 | 图13-45 |

Step 07 在切片器中只需单击班级对应的筛选按钮即可对该班级所有学生成绩进行查看，以及该班的综合成绩排名情况，如图13-46所示。

Step 08 若用户想要查看所有班级成绩情况，单击"清除筛选器"按钮或逐个选择所有筛选按钮即可，如图13-47所示。

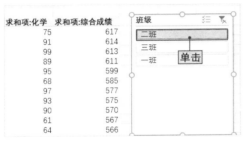

求和项:化学	求和项:综合成绩
75	617
91	614
99	613
89	611
95	599
68	585
97	577
93	575
90	570
61	567
64	566

图13-46

图13-47

13.2.5

图形化动态对比班级平均成绩

成绩汇总分析只能直观查看每个学生的具体情况，而老师还需要科目平均成绩以直观反映班级的强弱科目，从而制定辅导计划。下面对三个班各科的平均成绩进行分析。

Step 01 将数据源创建数据透视表重命名为"平均成绩分析"，在"数据透视表字段列表"窗格中重新布局数据透视表，如图13-48所示。

Step 02 ❶选择数据透视表任意数据单元格，单击鼠标右键，❷在弹出的快捷菜单中选择"值汇总依据/平均值"命令，如图13-49所示。

图13-48

图13-49

Step 03 使用同样的方法，计算出各班每科的平均成绩，设置数字格式为保留两位小数点，并将"平均值项："替换为空格，刷新数据透视表，如图13-50所示。

	A	B	C	D	E	F	G	H
2								
3	行标签	语文	数学	英语	政治	历史	物理	化学
4	一班	78.74	77.56	80.09	78.24	82.41	78.15	80.21
5	二班	79.94	82.00	74.59	78.65	79.71	82.35	78.38
6	三班	80.97	79.78	81.41	79.75	82.03	81.41	81.75
7	总计	79.86	79.78	78.64	78.86	81.37	80.62	80.08
8								

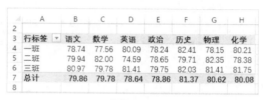

图13-50

Step 04 ❶选择数据透视表任意单元格，❷在“插入”选项卡“图表”组中单击“数据透视图”下拉按钮，选择“数据透视图”命令，如图13-51所示。

Step 05 ❶在打开的对话框中单击“柱形图”选项卡，❷选择“簇状柱形图”图表类型，单击“确定”按钮，如图13-52所示。

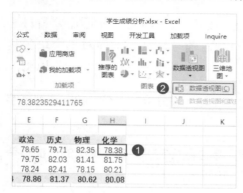

图13-51

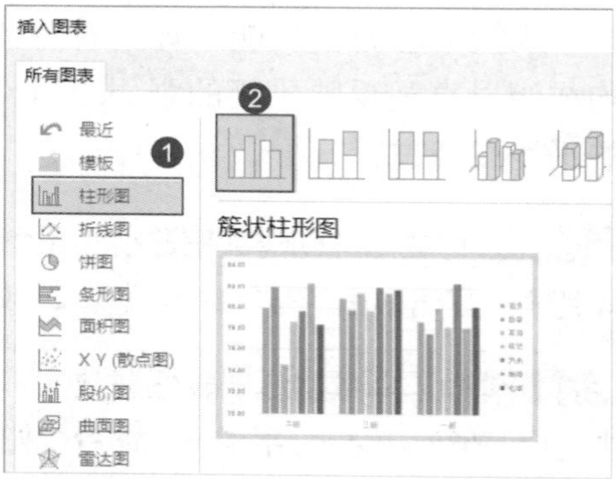

图13-52

Step 06 选择图表，在“数据透视图工具 设计”选项卡中“数据”组中单击“切换行/列”按钮，如图13-53所示。

Step 07 ❶在图表右上方单击“图表元素”按钮，❷在下拉列表框中选中“图表标题”复选框，如图13-54所示。

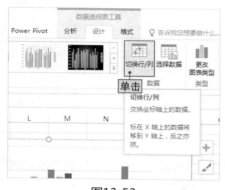

图13-53

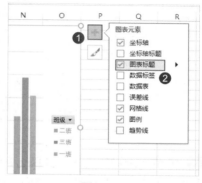

图13-54

Step 08 在图表标题文本框中输入"各班成绩分析"文本，如图13-55所示。

Step 09 ❶在图表右上方单击"图表元素"按钮，❷选择"趋势线/更多选项"命令，如图13-56所示。

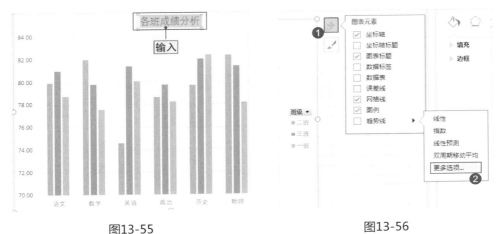

图13-55   图13-56

Step 10 ❶在打开的对话框中的列表框中选择"一班"选项，❷单击"确定"按钮，如图13-57所示。

Step 11 ❶在"设置趋势线格式"窗格中单击"趋势线选项"选项卡，❷选中"多项式"单选按钮，设置"顺序"为5，如图13-58所示。

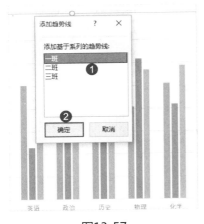

图13-57

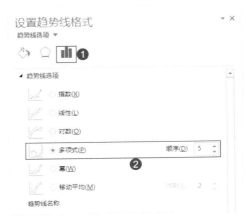

图13-58

Step 12 ❶单击"填充与线条"选项卡，❷在"线条"栏设置"短划线类型"为短划线，如图13-59所示。

Step 13 使用同样的方法依次添加二班、三班的趋势线，如图13-60所示。

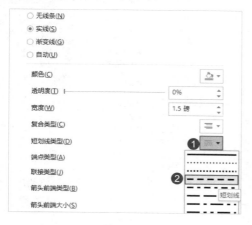

图13-59

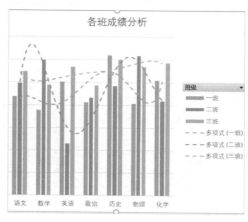

图13-60

Step 14 单击图表区，在"设置图表区格式"窗格中单击"填充与线条"选项卡，在"边框"栏中选中"圆角"复选框，如图13-61所示。

Step 15 ❶选择图表，在"数据透视图工具 格式"选项卡"形状样式"组中单击"形状轮廓"下拉按钮，❷设置颜色为紫色，粗细为2.25磅，如图13-62所示。

图13-61

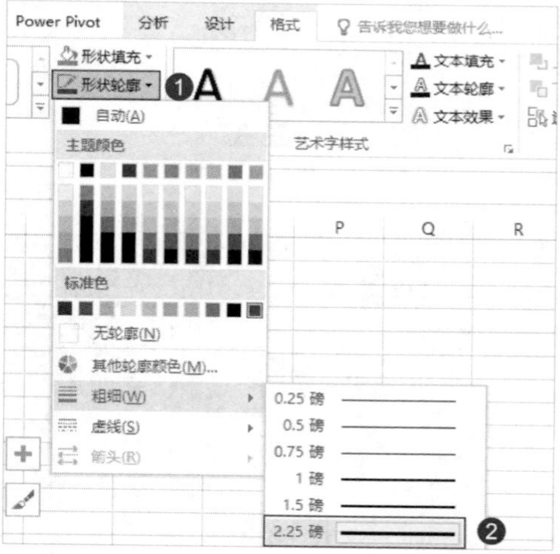

图13-62

Step 16 设置图表标题文字格式为方正大黑简体、20号、黑色，设置图表中其余文字格式为微软雅黑、加粗、黑色，完成后效果如图13-63所示。

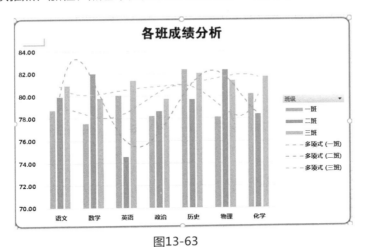

图13-63

13.3 商品销售中的应用

一般情况下，每过一段时间（月/季度/年中/年底）公司或者企业都会对本企业当前统计时间段中的销售情况进行统计分析，以便随时进行结构调整或者制定营销策略。

通常情况下，对于销售数据都是按照时间逐笔登记的，其登记的信息通常都会比较详细，但是在进行统计分析时，只需要对其中的某些数据进行统计。此时，最好的方法就是借助数据透视表创建动态变化的报表。对于创建的报表结果，也可以将其图形化展示，从而让结构更直观。

13.3.1
案例简述与效果展示

本案例是对某公司7月份的销售情况进行统计分析，对于当月涉及的销售数据已经填制到了数据源表格中，其中数据主要包括订单号、订单日期、地区、城市、商品名称、商品类型、商品编号、商品毛重、单价、数量、金额等。

现在要查看的各地区不同城市的销售情况，以及公司月营业额收入结构占比与商品出售地分布情况，如图13-64所示为本案例制作的最终效果。

素材文件	◎素材\Chapter 13\商品销售数据分析.xlsx
效果文件	◎效果\Chapter 13\商品销售数据分析.xlsx

求和项:金额 地区	城市	商品类型 国标丝杆	六角螺母	螺纹套	膨胀螺丝钉	轴承	总计
东北	赤峰	3800.914				9379.16	13180.074
	大连		41010	37700		40009.44	118719.44
	哈尔滨	13824	45564.8				59388.8
	沈阳		25918.2		24451		50369.2
	伊春		91838.9				91838.9
东北 汇总		17624.914	204331.9	37700	24451	49388.6	333496.414
华北	北京	20064		59670			79734
	衡水	9088	46919.4				56007.4
	山西	60234.72		43200			103434.72
	石家庄	19863.36			23050.5	90145.88	133059.74
	太原		64762.944				64762.944
	天津		45477.8		60299.316		105777.116
	张家口				59412.5	8740.38	68152.88
华北 汇总		109250.08	157160.144	102870	142762.316	98886.26	610928.8
华东	常州						
	合肥						
	济南						
	南京						
	温州						
	徐州						
华东 汇总							
华南	福建						
	广东						
	广西						
	贵州						
华南 汇总							

图13-64

13.3.2
案例制作思路

要完成本例的数据分析目的，首先需要创建一个数据透视表，然后根据数据分析目的，创建动态查看报表。对于商品的销售占比情况与出售地分布情况，也需要先创建相关的动态报表，然后利用图表进行直观展示即可。

如图13-65所示是制作本案例的一个流程示意图。

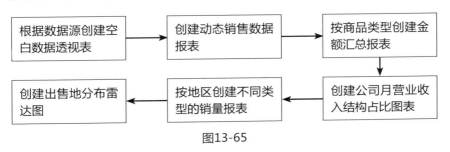

图13-65

13.3.3
查看各地区不同城市的商品销售总额

要从信息多的数据源中直观地查看各地区不同城市的商品销售总额，直接通过创建数据透视表，然后只添加地区、城市、商品类型和金额数据即可。需要注意的是，这里需要将城市按地区进行分组，因此在行区域中，需要先添加地区字段，再添加城市字段。下面具体讲解相关操作。

Step 01 打开"商品销售数据分析"素材，❶在新工作表中创建空白数据透视表，❷将工作表名称重命名为"商品月销售报表"，如图13-66所示。

Step 02 ❶依次选中"地区"和"城市"字段对应的复选框，❷选择"商品类型"字段，按住鼠标左键不放将其拖动到列区域中，如图13-67所示。

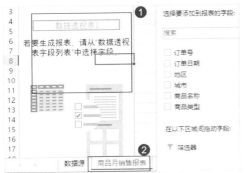

图13-66

图13-67

Step 03 在"数据透视表字段"任务窗格中选中"金额"字段对应的复选框，程序自动将该字段添加到值区域中，完成动态报表的创建，如图13-68所示。

Step 04 ❶单击"数据透视表工具 设计"选项卡，❷在"布局"组中单击"报表布局"下拉按钮，❸选择"以表格形式显示"选项更改数据透视表的报表布局格式，完成该报表的制作，如图13-69所示。

图13-68

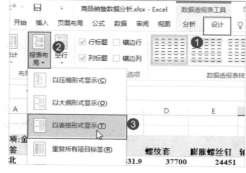

图13-69

13.3.4
公司月营业收入结构分析

所谓公司营业收入结构分析是指当月公司所有收入项目的占比统计。一般情况下，一提到占比，首先想到的是利用饼图或者圆环图，但是这些图表有个局限性，就是数据不能太多，而且只能查看当前各分类的占比情况，如图13-70所示。

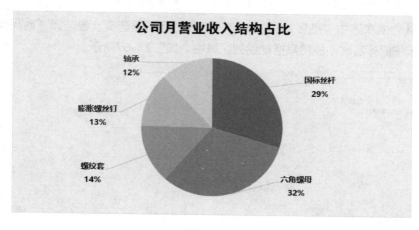

图13-70

要很好地呈现每个分类相对于总额的占比，可以在饼图中仅显示一个分类，然后将其他分类的扇形设置为相同颜色，这样就可以很好地将该类商品占总销售额的比例直观地展示出来。如图13-71所示为其中两种商品分别相对于总销售额的占比。

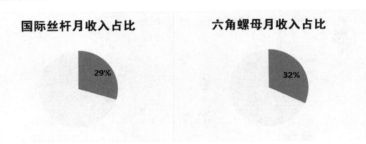

图13-71

在本例中，为了将百分比数据显示到整个图形的中心位置，从而让效果呈现更好，采用了圆环图来进行占比分析。由于涉及多个图表，最后统一用一个文本框形状将其组合在一起。

在进行图表创建之前，首先需要通过数据透视表获得各类产品当月的销售总金额数据，下面具体讲解相关的操作。

Step 01 选择"商品月销售报表"工作表，复制一个副本工作表，将其工作表名称重命名为"公司月营业收入结构占比分析"，如图13-72所示。

Step 02 取消选中"地区"、"城市"和"商品类型"字段对应的复选框，然后将商品类型字段拖动到行区域，完成各类商品金额汇总的报表，如图13-73所示。

金额	商品类型			
城市	国际丝杆	六角螺母	螺纹套	膨胀螺
赤峰	3800.914			
大连		41010	37700	
哈尔滨	13824	45564.8		
沈阳		25918.2		
伊春		91838.9		
	17624.914	204331.9	37700	
北京	20064		59670	
衡水	9088	46919.4		
山西	60234.72		43200	
石家庄	19863.36			
太原		64762.944		
天津		45477.8		6
张家口	109250.08		870	142
常州		34841.1$	97644	
金	9303			
数据源	商品月销售报表	公司月营业收入结构占比分析 ...	⊕	

创建副本并重命名

图13-72

图13-73

Step 03 ❶选择A3:B4单元格区域，❷单击"数据透视表工具 分析"选项卡，❸在"工具"组中单击"数据透视图"按钮，如图13-74所示。

Step 04 ❶在打开的"插入图标"对话框中单击"饼图"选项卡，❷在右侧的子类型图表列表中选择"圆环图"选项，单击"确定"按钮，如图13-75所示。

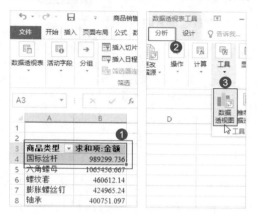

图13-74

图13-75

Step 05 程序自动创建一个圆环图数据透视图，❶选择图表并单击右上角的"图表元素"按钮，❷在展开的面板中将鼠标光标移动到"数据标签"选项上，单击出现的向右的三角形按钮，❸选择"更多选项"命令，如图13-76所示。

Step 06 ❶在打开的"设置数据标签格式"任务窗格中展开"标签选项"栏，❷取消选中所有复选框，仅选中"百分比"复选框，如图13-77所示。

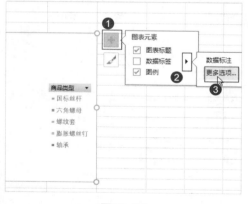

图13-76

图13-77

Step 07 ❶选择数据系列，任务窗格自动切换为"设置数据系列格式"任务窗格，❷在"系列选项"栏中将"圆环图内环大小"设置为50%，如图13-78所示。

Step 08 ❶保持数据系列的选择状态，单击"数据透视图工具 格式"选项卡，❷在"形状样式"组中单击"形状轮廓"按钮右侧的下拉按钮，❸在弹出的下拉菜单中选择"无轮廓"选项取消各圆环扇区形状的轮廓效果，如图13-79所示。

图13-78　　　　　　　　　　　　　　　　　图13-79

Step 09 ❶单独选择国际丝杆圆环扇区数据系列，将其形状填充色设置为"橙色，个性色2，深色50%"，❷将其他所有的圆环扇区形状的填充色设置为"橙色，个性色2，淡色80%"，如图13-80所示。

Step 10 ❶取消图表的轮廓效果，将其填充色设置为"蓝色，个性色1，淡色80%"，将图表标题更改为"国际丝杆"，并为图表中的字体设置相应的字体格式，❷单击图表右上角的"图表元素"按钮，❸在展开的面板中取消选中"图例"复选框，如图13-81所示。

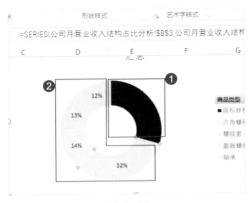

图13-80

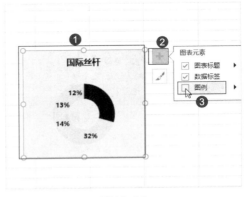

图13-81

Step 11 ❶删除所有数据标签，仅保留国际丝杆分类的数据标签，并将其百分比值数据标签移动到圆环的中心位置，❷复制一个副本图表，将其图表名称修改为"六角螺母"，然后设置仅显示六角螺母分类的百分比数据标签，并将其数据系列的扇区的填充色设置为"橙色，个性色2，深色50%"，其他形状的填充色设置为"橙色，个性色2，淡色80%"，❸设置该圆环图的第一扇区的起始角度为254°，从而将六角螺母扇区的起始位置调整到12点钟的方向，如图13-82所示。

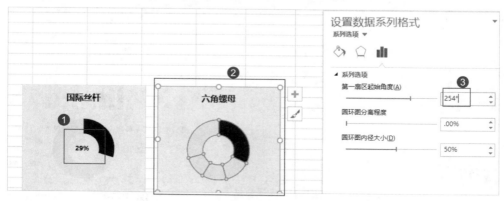

图13-82

Step 12 用相同的方法创建螺纹套、膨胀螺丝钉和轴承圆环图，完成各商品类型月销售金额占总额的百分比图表，如图13-83所示。

Step 13 ❶绘制一个指定大小的矩形形状，❷将其形状填充色设置为"蓝色，个性色1，淡色80%"，❸单击"排列"组中的"下移一层"按钮右侧的下拉按钮，❹选择"置于底层"选项将其置于图表的下方，如图13-84所示。

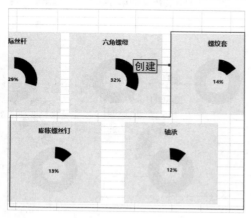

图13-83

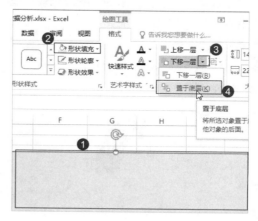

图13-84

Step 14 在矩形形状中添加"公司月营业收入结构占比"文本，将其字体格式设置为"方正大黑简体，20，黑体，居中"，如图13-85所示。

Step 15 ❶选择形状，打开"设置形状格式"任务窗格，❷展开"文本框"栏，❸设置上边距为"0.6厘米"，❹关闭任务窗格完成该图表的创建，如图13-86所示。

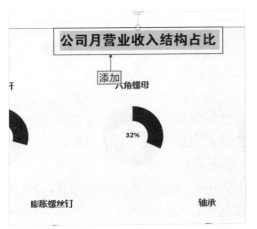

图13-85

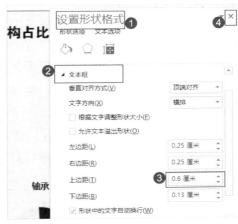

图13-86

商品月销售地分布情况分析

在本例中，要对商品的月销售地分布情况进行分析，可以通过雷达图来展示数据结果。有时候，为了更好地查看绘图区的数据，会对绘图区设置填充色，但是，在Excel中，直接为雷达图的绘图区添加填充色，其效果如图13-87所示。

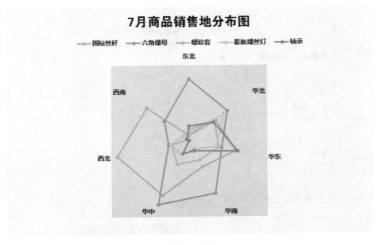

图13-87

从图中可以看到，由7个分类构成的正七边形雷达图，绘图区被填充颜色后，形成一个矩形，将正七边形包围，这样的效果对查看雷达图中的数据有很大的影响，所以通常都是通过添加辅助列的形式，将辅助列列数据作为填充底纹的依据，从而实现多底色雷达图的制作（辅助列的数据只能通过添加数据的方式添加到雷达图中，不能直接作为数据源创建图表，否则系统会将辅助列的数据作为一个分类，而不是数据系列）。

但是在本例中，对于图表的数据来源是通过数据透视表来汇总的，其报表结构是不能更改的，要实现多底色的雷达图效果，来达到直观分析商品销售地的分布情况，可以通过公式引用数据透视表的数据，基于该数据创建数据添加辅助列与创建雷达图，最后对创建的图表进行设计。

需要注意的是，在本例的分析过程中，由于辅助列要使用填充雷达图类型，而分析数据需要使用带数据标记的雷达图，所以本例的雷达图是同图表类型，不同子类的组合雷达图。为了不改变图表的外观结构，需要使用双坐标轴来实现。

下面详细介绍如何对7月份商品销售地分布情况进行图表分析，其具体操作如下。

Step 01 选择"商品月销售报表"工作表，复制一个副本工作表，将其工作表名称重命名为"商品销售地分布情况"，如图13-88所示。

Step 02 ❶在行区域中单击"城市"字段下拉按钮，❷在弹出的下拉菜单中选择"删除字段"命令将该字段删除，从而统计出各地区不同商品类型的销售总额，如图13-89所示。

图13-88

图13-89

Step 03 ❶选择A14:F21单元格区域，在编辑栏中输入"＝A4"公式，❷按【Ctrl+ Enter】组合键确认输入的公式，将数据透视表中各地区各商品类型的销售金额数据引用到选择的单元格区域中，如图13-90所示。

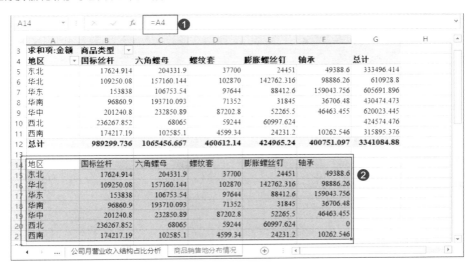

图13-90

Step 04 ❶保持单元格区域的选择状态，单击"插入"选项卡，❷在"图表"组中单击"插入曲面图或雷达图"按钮，❸在弹出的下拉菜单中选择"带数据标记的雷达图"图表类型创建一个带数据标记的雷达图图表，如图13-91所示。

Step 05 ❶删除图表中默认的图表标题占位符，重新输入"7月商品销售地分布图"，❷单击"图表工具 格式"选项卡，❸在"大小"组的"高度"和"宽度"数值框中分别输入相应的数值对图表的大小进行调整，如图13-92所示。

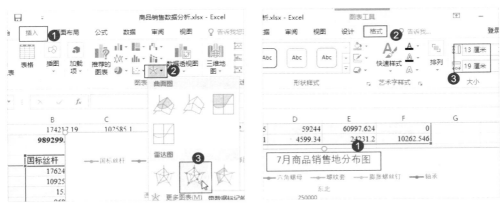

图13-91   图13-92

Step 06 ❶选择图表，单击"图表工具 设计"选项卡，❷在"数据"组中单击"选择数据"按钮，如图13-93所示。

Step 07 在打开的"选择数据源"对话框中直接单击"图例项（系列）"栏中的"添加"按钮打开"编辑数据系列"对话框，如图13-94所示。

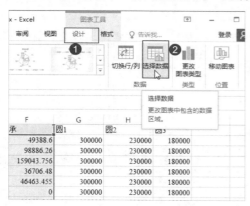

图13-93

图13-94

Step 08 ❶将文本插入点定位到"系列名称"参数框中，在工作表中选择G14单元格引用第一列辅助列的表头数据，❷删除"系列值"参数框中的默认数据，在工作表中选择G15:G21单元格区域引用第一列辅助列的数据，❸单击"确定"按钮确认设置，如图13-95所示。

Step 09 ❶用相同的方法将"圆2"和"圆3"辅助列的数据添加到图表中，❷通过在"选择数据源"对话框的"图例项（系列）"栏中选择辅助列图例项，单击"上移"按钮将辅助列的图例项移到最上层，如图13-96所示。最后单击"确定"按钮完成将辅助列添加到雷达图中的操作。

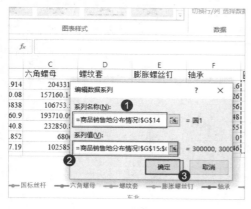

图13-95

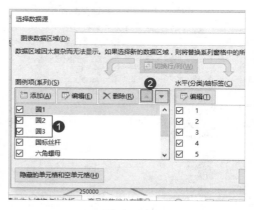

图13-96

Step 10 ❶选择最外层的圆1数据系列，❷在其上右击，❸在弹出的快捷菜单中选择"更改系列图表类型"命令，如图13-97所示。

Step 11 ❶在打开的"更改图表类型"的"为您的数据系列选择图表类型和轴"栏中将"圆1"、"圆2"和"圆3"系列的图表类型更改为"填充雷达图"，❷此时可以从上方的预览区域中查看到，虽然数据系列的图表类型改变了，但是图表结构也发生了改变，如图13-98所示。

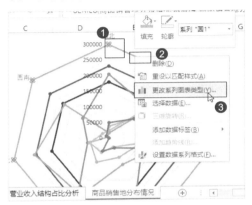

图13-97

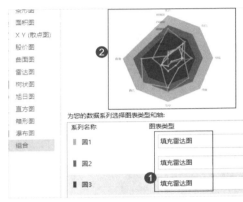

图13-98

Step 12 ❶在"为您的数据系列选择图表类型和轴"栏中将"圆1"、"圆2"和"圆3"系列对应的"次坐标轴"复选框选中，❷此时可以从上方的预览区域中查看到图表外观结构恢复了原样，如图13-99所示。单击"确定"按钮关闭对话框。

Step 13 ❶选择图表，单击右上角的"图表元素"按钮，❷在展开的面板中将鼠标光标指向"坐标轴"选项，单击向右的三角形按钮，❸在弹出的子菜单中取消选中"次要坐标轴"复选框，❹选择"更多选项"命令，如图13-100所示。

图13-99

图13-100

Step 14 ❶在打开的"设置坐标轴格式"任务窗格中展开"坐标轴选项"栏，❷在"最大值"文本框中输入"300000"，完成坐标轴刻度最大值的修改，如图13-101所示。保持坐标轴的选择状态，按【Delete】键将其删除。

Step 15 ❶将图表标题的字体格式设置为"方正大黑简体，18，黑色"，❷将图例的字体格式设置为"微软雅黑，加粗，黑色"，❸选择地区分类标签，将其字体格式设置为"微软雅黑，加粗，黑色"，如图13-102所示。

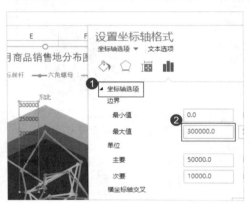

图13-101

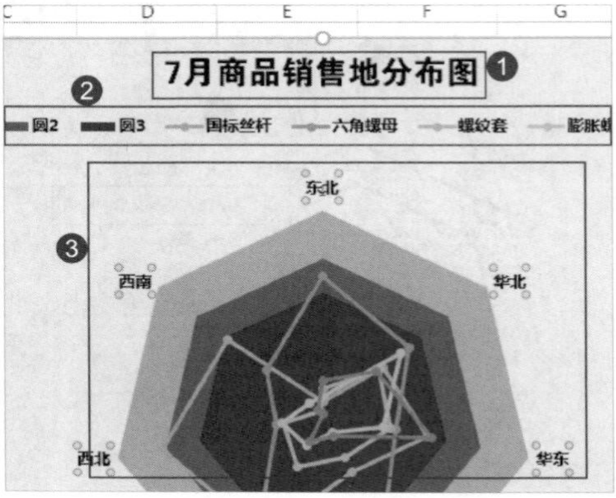

<table><tr><td>图13-102</td></tr></table>

Step 16 ❶单击"图表工具 格式"选项卡，❷在"当前所选内容"组中单击下拉列表框右侧的下拉按钮，在弹出的下拉列表中选择另一个"分类标签"选项将次要坐标轴的分裂标签选中，如图13-103所示。

Step 17 ❶单击"开始"选项卡，❷在"字体"组中单击"字体颜色"按钮右侧的下拉按钮，❸在弹出的下拉菜单中选择一种与背景色相同的颜色，这里选择"蓝色，个性色，淡色80%"选项，隐藏次要坐标轴的分类标签，如图13-104所示。

图13-103

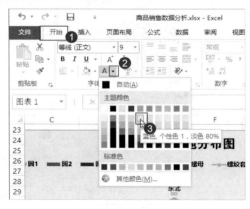

图13-104

Step 18 ❶选择"圆1"数据系列，"设置坐标轴格式"任务窗格自动切换为"设置数据系列格式"任务窗格，❷展开"填充"栏，❸选中"纯色填充"单选按钮，❹修改填充颜色为"蓝色"，❺设置填充的透明度为80%，如图13-105所示。用相同的方法修改"圆2"和"圆3"数据系列的填充颜色和填充透明度。

Step 19 ❶选择任意数值数据系列，这里选择"六角螺母"数据系列，❷在"标记"选项卡中展开"数据标记选项"栏（如果要更改数据系列的线条颜色，则需要切换到"线条"选项卡中），❸选中"内置"单选按钮，❹调整大小为8，如图13-106所示。

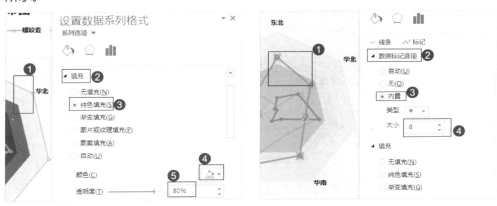

図13-105　　　　　　　　　　　　　図13-106

Step 20 用相同的方法修改其他数值数据系列的线条颜色、标记样式和标记填充色，如图13-107所示。

Step 21 ❶将图表标题拖动到图表左侧，将文本框的排列方式设置为竖排显示，❷将图例调整到图表底部，绘制一个与背景色相同的矩形形状，将其移动到辅助列的图例上，完成整个操作，如图13-108所示。

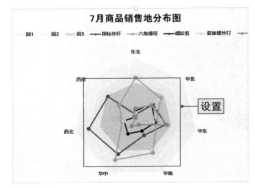

図13-107

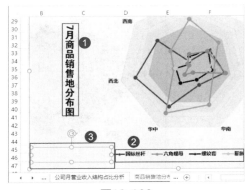

図13-108

13.4 工资管理中的应用

员工是公司或企业的基础，而良好的员工工资管理则是提高员工工作积极性的一种重要手段。

13.4.1
案例简述与效果展示

本案例是某公司上半年各员工的工资统计分析，它主要用来反映该公司上半年各员工的工作状态以及公司各个部门的状况，下面是该公司各部门工资汇总、平均值分析以及各部门工资占比情况展示，如图13-109所示。

素材文件	◎素材\Chapter 13\上半年员工工资管理.xlsx
效果文件	◎效果\Chapter 13\上半年员工工资管理.xlsx

行标签	补贴	基本工资	奖金	考勤工资	提成	应发工资	求和项:平均工资
⊟财务部	8600	96000	7200	-840	52363	163323	27220.5
李聘	2150	24000	1800	-390	12598	40158	6693
杨娟	2150	24000	1800	-120	13750	41580	6930
张喜	2150	24000	1800	-180	13715	41485	6914.166667
张炜	2150	24000	1800	-150	12300	40100	6683.333333
⊟行政中心	10750	120000	8400	250	63205	202605	33767.5
程丽	2150	24000	1680	-90	11675	39415	6569.166667
刘成	2150	24000	1680	170	12990	40990	6831.666667
王紫涵	2150	24000	1680	170	12500	40500	6750
杨燕	2150	24000	1680	-90	12974	40714	6785.666667
钟朗	2150	24000	1680	90	13066	40986	6831
⊟技术部	8200	96600	9200	430	44815	159245	26540.83333
杜丽	1750	21000	2000	-60	9400	34090	5681.666667
潘明	2150	25200	2400	200	12000	41950	6991.666667
田任	2150	25200	2400	80	10605	40435	6739.166667
周纳	2150	25200	2400	210	12810	42770	7128.333333

汇总分析　上半年各部门工资占比情况

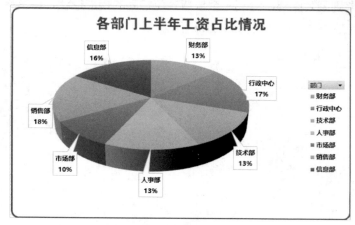

图13-109

13.4.2
案例制作思路

在本例中因为数据源不在同一工作表中且数据较多，所有使用连接+SQL语句创建数据透视表进行汇总分析，然后添加计算字段计算员工的平均工资，最后利用数据透视图分析各部门员工工资占比情况。

如图13-110所示是制作本案例的一个流程示意图。

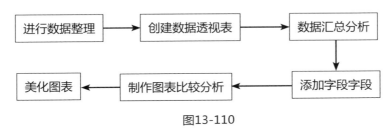

图13-110

13.4.3
汇总外部数据分析工资情况

在本例中已经进行了数据整理，因此可以直接根据数据源建立数据透视表。但由于数据源不在同一工作表中且数据区域包含的列数较多，所以这里使用连接+SQL语句建立数据透视表，下面对具体的操作步骤进行介绍。

Step 01 打开"上半年员工工资管理"素材，❶选择数据区域任意单元格，❷在"数据"选项卡"获取外部数据"组中单击"现有连接"按钮，如图13-111所示。

Step 02 在打开的对话框中直接单击"浏览更多"按钮，如图13-112所示。

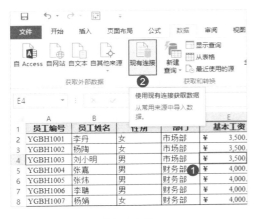

图13-111

图13-112

Step 03 ❶在打开的"选取数据源"对话框中选择当前工作簿，❷单击"打开"按钮，如图13-113所示。

图13-113

Step 04 ❶在打开的"选择表格"对话框中选择任意选项，❷单击"确定"按钮，如图13-114所示。

Step 05 ❶在打开的"导入数据"对话框中选中"数据透视表"和"新工作表"单选按钮，❷单击"属性"按钮，如图13-115所示。

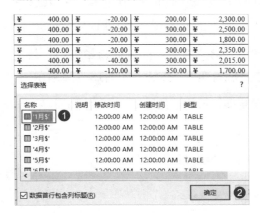

图13-114

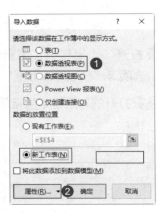

图13-115

Step 06 ❶在"连接"对话框中单击"定义"选项卡，❷在"命令文本"组合框中输入SQL语句，❸单击"确定"按钮，如图13-116所示。

Step 07 将新建的数据表命名为"汇总分析"工作表，在"数据透视表字段"窗格中进行布局，并将"求和项："替换为空格，如图13-117所示。

图13-116

图13-117

Step 08 ❶选择数据透视表任意单元格，❷在"数据透视表工具 分析"选项卡"计算"组中单击"字段、项目和集"下拉按钮，选择"计算字段"命令，如图13-118所示。

Step 09 ❶在打开的"插入计算字段"对话框的"名称"文本框中输入"平均工资"文本，在"公式"文本框中输入"=应发工资/6"公式，❷单击"添加"按钮，❸单击"确定"按钮，如图13-119所示。

图13-118

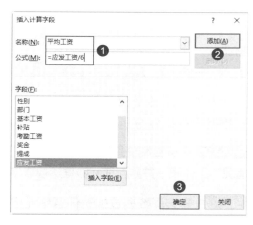

图13-119

Step 10 ❶选择数据透视表中任意单元格，❷在"数据透视表工具 设计"选项卡"布局"组中单击"分类汇总"下拉按钮，选择"在组的顶部显示所有分类汇总"命令，如图13-120所示。

图13-120

Step 11 完成后，即可在数据透视表中查看其上半年各部门数据汇总的结果，如图13-121所示。

行标签	补贴	基本工资	奖金	考勤工资	提成	应发工资	求和项:平均工资
⊟财务部	8600	96000	7200	-840	52363	163323	27220.5
李聃	2150	24000	1800	-390	12598	40158	6693
杨娟	2150	24000	1800	-120	13750	41580	6930
张磊	2150	24000	1800	-180	13715	41485	6914.166667
张炜	2150	24000	1800	-150	12300	40100	6683.333333
⊟行政中心	10750	120000	8400	250	63205	202605	33767.5
程丽	2150	24000	1680	-90	11675	39415	6569.166667
刘成	2150	24000	1680	170	12990	40990	6831.666667
王紫涵	2150	24000	1680	170	12500	40500	6750
杨燕	2150	24000	1680	-90	12974	40714	6785.666667

1月 2月 3月 4月 5月 6月 汇总分析 … ⊕

图13-121

13.4.4
上半年各部门工资占比情况分析

为了促进各个部门的协助合作，提高工作效率，现需要对各个部门的工资数据进行比较分析。

Step 01 直接复制使用13.4.3的数据透视表，将其命名为"上半年各部门工资占比情况"工作表，并重新在"数据透视表字段"窗格进行布局，如图13-122所示。

Step 02 ❶选择数据透视表任意单元格，❷在"插入"选项卡"图表"组中单击"数据透视图"下拉按钮，选择"数据透视图"命令，如图13-123所示。

| 图13-122 | 图13-123 |

Step 03 ❶在打开的对话框中单击"饼图"选项卡，❷选择"三维饼图"图表类型，单击"确定"按钮，如图13-124所示。

Step 04 单击图表标题，将其修改为"各部门上半年工资占比情况"，如图13-125所示。

| 图13-124 | 图13-125 |

Step 05 ❶单击图表右上方的"图表元素"按钮，❷选择"数据标签/数据标注"命令，如图13-126所示。

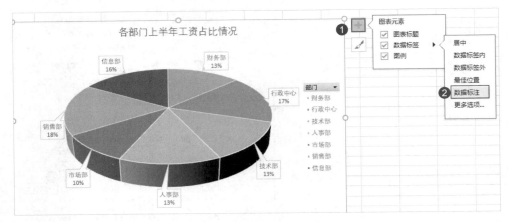

图13-126

Step 06 调整图表大小，然后设置图表标题文字格式为方正大黑简体、20号、黑色，设置图表中其余文字格式为微软雅黑、加粗、淡黄色，完成后效果，并给图表添加圆角边框，设置轮廓颜色为紫色，粗细为2.25磅，如图13-127所示。

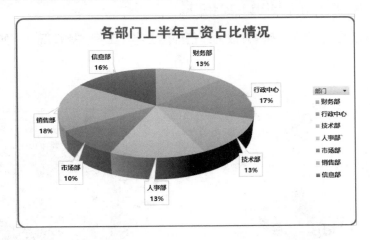

图13-127